基于 DEM 的
气候因子模拟与应用

王林林　著

北　京
冶　金　工　业　出　版　社
2018

内 容 提 要

本书介绍了基于数字高程模型（DEM）数据和气象站的气象观测数据（气温、降水、相对湿度、风速等），运用地理信息系统空间分析技术对气象数据进行空间插值，通过DEM数据进行订正，得到实际地形下气候因子的时空分布格局的方法；并以气候舒适度模拟和茶树种植适宜性评价为例，介绍了气候因子模拟结果在实际生产生活中的应用。

本书可供相关领域的科学技术人员和高等学校师生参考。

图书在版编目(CIP)数据

基于DEM的气候因子模拟与应用/王林林著. —北京：冶金工业出版社，2018. 1

ISBN 978-7-5024-7729-5

Ⅰ. ①基…　Ⅱ. ①王…　Ⅲ. ①数字高程模型—应用—气候变化—研究　Ⅳ. ①P467

中国版本图书馆CIP数据核字（2018）第011881号

出 版 人　谭学余

地　　址　北京市东城区嵩祝院北巷39号　邮编　100009　电话　(010)64027926

网　　址　www. cnmip. com. cn　电子信箱　yjcbs@cnmip. com. cn

责任编辑　宋　良　美术编辑　杨　帆　版式设计　孙跃红

责任校对　郑　娟　责任印制　牛晓波

ISBN 978-7-5024-7729-5

冶金工业出版社出版发行；各地新华书店经销；三河市双峰印刷装订有限公司印刷

2018年1月第1版，2018年1月第1次印刷

148mm×210mm；4. 125印张；131千字；121页

30. 00元

冶金工业出版社　投稿电话　(010)64027932　投稿信箱　tougao@cnmip. com. cn

冶金工业出版社营销中心　电话　(010)64044283　传真　(010)64027893

冶金书店　地址　北京市东四西大街46号(100010)　电话　(010)65289081(兼传真)

冶金工业出版社天猫旗舰店　yjgycbs. tmall. com

（本书如有印装质量问题，本社营销中心负责退换）

前　言

气候信息是进行生态学、农学、地学等各种学科研究的基础数据资源，生态系统各模型的建立，都离不开气候要素时空分布信息；农业生产和布局、特色农业的发展、农业结构调整、精细化农业等也离不开气候要素的时空分布信息。现代生态学和全球气候变化科学的发展，迫切需要空间精细化模拟的栅格气候数据，并且对时空分辨率的要求也越来越高。然而现阶段全球地面气象站还难以提供时空尺度分辨率较高的数据，因此，对气候数据进行精细化模拟势在必行。地理信息科学（GIS）和计算机技术的快速发展以及数字高程模型的建立，为气候资源精细化模拟研究提供了基础条件。由于地形因子对气候影响作用的显著性，精确的地形分析将大大提高气候资源模拟的精度。而 DEM 恰恰能够提供经度、纬度、高程信息以及坡度、坡向、地形粗糙度等地形因子，并为进行气候资源的逐栅格空间推算提供了条件，最后还可用来对模拟结果进行可视化表达。在气候因子模拟中引入 DEM，不仅可以提高计算速度、增加模拟的精确性，还能对模型起到优化的作用。

本书介绍了基于数字高程模型（DEM）数据和气象站的气象观测数据（气温、降水、相对湿度、风速等），运用地理信息系统空间分析技术对气象数据进行空间插值，通过DEM数据进行订正，得到实际地形下气候因子的时空分布格局的方法；并以气候舒适度模拟和茶树种植适宜性评价为例，介绍了气候因子模拟结果在实际生产生活中的应用。本书前3章介绍了研究的背景、相关研究进展和研究所用的基础理论与方法；第4章至第7章分别介绍了利用DEM数据订正下的实际地形下的气温、湿度、风速、降水的空间分布格局模拟方法和结果分析；第8章和第9章分别以山东省气候舒适度研究和日照市茶树适宜性评价为例，介绍了基于DEM的气候因子模拟在实际中的应用。

本书的研究内容是在山东省高等学校科技计划项目（项目编号：J12LH53，项目名称：基于数字高程模型的山东省气候因子模拟及气候舒适度研究）和山东省重点研发计划项目（项目编号：2015GSF117032，项目名称：山东省大气环境质量时空分异及预报预警研究）的基础上完成的。滨州学院为本书提供了出版经费资助；在研究和成书过程中，得到了滨州学院左登华教授、邹美玲老师、李德一副教授、董立峰副教授、李吉英副教授的热情帮助和大力支持，在此深表谢意！

另外，因印刷条件的限制，许多彩色图片在书中显示为灰度图，内容不易区分，如有读者感兴趣，可向作者索要电子版彩图（邮箱 gistree@126.com）。

由于作者水平所限，书中不足之处，敬请读者批评指正。

作　者

2017 年 11 月

目　　录

第 1 章　概述…………………………………………………… 1
1.1　研究背景与意义 ………………………………………… 1
1.2　国内外研究进展 ………………………………………… 1
1.2.1　气温空间分布模拟研究进展 ………………………… 1
1.2.2　风速空间分布模拟研究进展 ………………………… 3
1.2.3　降水空间分布模拟研究进展 ………………………… 3

第 2 章　数字高程模型……………………………………………… 5
2.1　DEM 概述 ………………………………………………… 5
2.2　DEM 的表示方法及特点 ………………………………… 6
2.2.1　规则网格（Grid）DEM 表示法 ………………………… 6
2.2.2　不规则三角网（TIN）表示法 ………………………… 7
2.3　DEM 的发展及研究现状 ………………………………… 7
2.4　DEM 的构建方法 ………………………………………… 8
2.5　研究区 DEM 数据概况…………………………………… 9
2.5.1　山东省 DEM 数据概况………………………………… 9
2.5.2　日照市 DEM 数据概况………………………………… 9
2.6　DEM 在气候因子模拟中的作用 ……………………… 11

第 3 章　数据来源与研究方法 ………………………………… 13
3.1　数据来源……………………………………………… 13
3.2　常用的内插方法……………………………………… 13
3.2.1　距离权重法………………………………………… 14
3.2.2　趋势面插值法……………………………………… 14
3.2.3　克里格法…………………………………………… 15
3.2.4　样条函数法………………………………………… 16

第4章　基于DEM的气温空间分布模拟 …… 17
4.1　气温分布的影响因子 …… 17
4.2　气温空间分布模拟技术流程 …… 18
4.3　气象站气温的内插 …… 18
4.4　天文辐射的模拟 …… 19
4.4.1　基本概念 …… 19
4.4.2　天文辐射的模拟 …… 22
4.4.3　实际地形下的气温模型 …… 23
4.4.4　气温模拟结果 …… 24

第5章　基于DEM的湿度空间分布模拟 …… 27
5.1　湿度模拟过程 …… 27
5.2　湿度模拟结果 …… 27

第6章　基于DEM的风速空间分布模拟 …… 30
6.1　复杂地形下风速变化的基本模式 …… 30
6.1.1　近地层风速的垂直变化 …… 30
6.1.2　不同地形部位上的风速差异 …… 31
6.2　风速模拟的思路与方法 …… 32
6.2.1　预设条件 …… 32
6.2.2　技术流程与算法设计 …… 33
6.3　数据处理过程 …… 35
6.4　风速模拟结果 …… 36

第7章　基于DEM的降水空间分布模拟 …… 38
7.1　降水模拟的技术流程 …… 38
7.2　降水量统计回归模型 …… 39
7.3　降水量残差图 …… 40
7.4　模拟结果及验证 …… 41
7.4.1　模拟结果及分析 …… 41

7.4.2　模型验证…………………………………………………………… 42

第8章　山东省气候舒适度研究 ……………………………………………… 44
8.1　研究背景…………………………………………………………………… 44
8.2　气候舒适度研究进展……………………………………………………… 44
8.3　研究内容与方法…………………………………………………………… 45
8.4　气候舒适度模拟…………………………………………………………… 46
8.5　结论与讨论………………………………………………………………… 50
8.5.1　结论……………………………………………………………………… 50
8.5.2　讨论……………………………………………………………………… 51

第9章　日照市茶树种植适宜性评价 ……………………………………… 52
9.1　研究背景…………………………………………………………………… 52
9.2　研究区概况………………………………………………………………… 52
9.2.1　试验样区的确定………………………………………………………… 52
9.2.2　试验样区选择的依据…………………………………………………… 53
9.2.3　试验样区概况…………………………………………………………… 54
9.3　数据处理与技术流程……………………………………………………… 56
9.3.1　主要数据源……………………………………………………………… 56
9.3.2　空间数据处理…………………………………………………………… 57
9.3.3　技术路线………………………………………………………………… 58
9.4　太阳辐射的模拟…………………………………………………………… 58
9.4.1　研究进展………………………………………………………………… 58
9.4.2　太阳直接辐射的模拟…………………………………………………… 60
9.4.3　山地散射辐射的模拟…………………………………………………… 73
9.5　气温模拟…………………………………………………………………… 80
9.5.1　辐射订正前后的温度对比……………………………………………… 80
9.5.2　月平均温度……………………………………………………………… 83
9.5.3　极端低温………………………………………………………………… 88
9.6　风速模拟…………………………………………………………………… 90
9.6.1　茶树冻害的类型………………………………………………………… 90

9.6.2　一月份风速模拟 …………………………………………… 90
9.7　试验样区茶树种植适宜性评价 ……………………………………… 95
9.7.1　茶树种植适宜性评价指标体系 ……………………………… 95
9.7.2　典型区茶树种植适宜性评价 ……………………………… 100
9.7.3　研究区评价结果的验证 …………………………………… 109
9.7.4　适宜性评价结果与分析 …………………………………… 112
9.8　总结与展望 ……………………………………………………… 115
9.8.1　本研究的特点 ……………………………………………… 115
9.8.2　主要结论 …………………………………………………… 116
9.8.3　问题与展望 ………………………………………………… 116

参考文献 ……………………………………………………………… 118

第 1 章 概 述

1.1 研究背景与意义

气候的形成，除地理纬度、离海洋距离远近、季节以及大气环流等背景条件外，在很大程度上受到区域本身地形特点的影响。GIS 的发展以及 DEM 的建立，使得区域气候因子的模拟得以实现。由于地形因子对气候影响作用的显著性，精确的地形分析将大大提高气候资源模拟的精度。而 DEM 恰恰能够提供经度、纬度、高程信息以及坡度、坡向、地形粗糙度等地形因子，并为进行气候资源的逐栅格空间推算提供了条件，最后还可用来对模拟结果进行可视化表达。在气候因子模拟中引入 DEM，不仅可以提高计算速度、增加模拟的精确性，而且还能对模型起到优化的作用。

基于 DEM 的气候因子模拟能够为农业区划及农业资源评价提供依据，为城市宜居性评价提供依据，对于更加有效地利用气候资源，也有着重要的意义。利用 DEM 进行气候因子的模拟，成为了气象学与地理信息科学融合发展的纽带和桥梁：对于气象学来说，为区域气象资源的空间模拟与可视化表达提供了新的研究手段与研究思路。对地理信息系统科学而言，能够不断拓宽研究与应用的领域，加深研究的层次，并且为进一步探求地形对区域气候的影响，拓宽地形因子挖掘的范围奠定基础。学科之间的结合不断碰撞出新的思想火花，能够更好地服务于人类的生产生活。

1.2 国内外研究进展

1.2.1 气温空间分布模拟研究进展

气温是最重要的气象要素之一，对农业影响尤为显著，是农作物生长、发育和产量形成必须依赖的关键气象要素。气温在实际地形下的空间分布特征、变化规律对人们的生产活动具有非常大的影响[1]。由于纬度、海陆分布以及地势地貌与下垫面的特性不同，造成气温资源在空间分布上有明显的区域差异，在地形复杂观测资料相对稀少的地区，气温的空间分布的推算一直以来是一道难题。

国外，Mccutchan 探讨了山区温度场的预报问题[2]，粟原弘一等研究了 1km×1km 网格的气温推算问题，Joan Sohumaker 给出了气温多元回归模型[3]。近年来，美国 Oregon 州立大学空间气候研究中心所建立的 PRISM（Parameter-elevation Regressions on Independent Slopes Model）模型在此领域研究影响比较大[4~6]。该模型是一种基于地理空间特征和回归统计方法生成气候图的专家系统，可以进行大范围的气温推算。国内，自 20 世纪 70 年代中期以来，一些学者相继提出了用数值统计模拟方法来推算气温分布的模式。

综观这些研究成果，气温要素的推算方法主要有：

（1）分离综合法。这是一种分项叠加的方法，傅抱璞[7]、卢其尧[8]作了较为完整的论述。此方法从理论上以及实际处理上都较合理，是目前各地用得比较普遍的一种方法。但该方法不能满意地解决小地形订正值的估算问题，且需要小地形考察资料。

（2）成因分析法。这种方法是建立在野外考察资料基础上的，在山区温度形成的成因分析上比较合理，抓住了主要影响因素[9]。

（3）回归余项法。此方法由沈国权[10]提出，他认为，平均气温可表示为地理纬度、经度、海拔高度的多元一次回归方程，其回归余项为地形影响项。

上述方法实际上都是以回归方程为基础。受经度、纬度、海拔等基础地理信息获取手段的限制，传统的气候资料推算方法多集中在局部区域。不同气候要素在不同地区呈现不同的空间分布规律，这极大地限制了气候要素空间扩展研究的进行，也不利于气候要素空间分布规律研究的深入[11,12]。

随着地理信息系统（GIS）的迅速发展，在 1990 年代后期，GIS 技术开始用于气温资源的定量评估分析，提高了分辨率，大大减少了工作量。陈晓峰[13]、张洪亮[14]、程路[11]、杨昕[15]、王林林[16,17]

等在气象站点实测数据基础上，利用 GIS 技术获取影响山地气温分布的地形要素进行了气温空间分布的推算。由于这些推算方法是建立在地理信息和计算机技术的基础上，可更好地反映气温分布的一些细部特征从而提高分辨率。

1.2.2　风速空间分布模拟研究进展

风是空气运动的表征，它输送着不同属性的气团，产生热量和水分的交换，对天气气候的形成和变化有着重要的作用，同时对经济建设和人民生活存在直接影响。山区风的状况，比之山区温度、湿度分布要复杂得多[18]。

目前，在山地气流的数值模拟方面已有不少成果。国外，Jackson 和 Hunt[19]提出了 J-H 模式，用解析方法导得了在二维理想地形条件下，计算气流速度、气压、应力扰动量的最大值公式，1976 年，YTZHAO MAHRER 和 ROGER A. PLELKE[20]利用三维的非静力 PBL 模式模拟流场，来说明地形对风场的影响，主要集中在对局地风系的研究。加拿大 Walmsley[21]研制出 GUIDE 模式来考虑不同地形和地表粗糙度对山顶风速的影响，并针对在实际工作中资料的选取情况，模拟复杂地形风速。国内，南京大学的王卫国和蒋维楣[22,23]对 PBL 模式进行了研究和扩展应用；袁春红[24]等考虑地形和地表粗糙度对山顶风速的影响，根据实际情况对 GUIDE 模式进行了改进；余琦[25]通过引入一个表示地形起伏变化程度的因子，提出了一种计算起伏地形下风速的权重内插方法。利用上述理论模式可以对过山气流的湍流结构和应力变化进行详细描述和深入探讨，但由于这些数值模式通常是针对短时间的天气问题，包含的物理过程多，对初始资料的条件要求高，需要求解具有特定边界条件的大气运动方程组，在实际工作中资料的搜集比较困难。如何利用常规气象资料推算各种具体地形条件下风速分布的实际状况，成为森林火灾、作物冻害等地学分析和评价领域中亟待解决的问题。

1.2.3　降水空间分布模拟研究进展

传统的降水研究方法，诸如分离综合法、小网格回归订正法、变换界限法等，均以回归方程为基础，结合经度、纬度、高程等宏观地形因子估算对地形比较平坦地区的降水量，起到了一定作用。但是这些方法带有一定的时间和空间的局限性。

遥感技术与GIS技术的发展，为降水要素的空间扩展提供了先进的技术手段，使起伏地形下降水的空间扩展研究成为可能。近年来，国内外学者把GIS与DEM、传统数学模型相结合，对降水量进行定量估算。诸如美国Oregon州立大学基于地理空间特征和回归统计方法建立的PRISM降水模型[26]，已广泛应用于气候研究的各个领域；国内学者[27,28]在实测数据基础上，分析影响山地降水分布的地形要素，利用GIS技术计算实际地形下的降水分布，得到了一定的成效。基于GIS技术的降水量估算实际上是对站点数据进行空间插值运算，即将点数据转化为栅格数据，目前常用的降水量估算方法有几何方法、降水地统计学模型、降水综合模型、统计方法等，近年来应用数学和人工神经网络等新技术[29]也逐渐被引入到降水空间分布上。实际模拟中，需要依据具体研究区域的自然地理特征以及数据的内在特征，对数据的空间分布特征进行探索，选择最优的降水拟合方法[30]。

第 2 章

数字高程模型

2.1 DEM 概述

数字高程模型是通过有限的地形高程数据实现对地形曲面的数字化模拟或者说是地形表面形态的数字化表示（Digital Elevation Model，简称 DEM）[31]。数字高程模型 DEM 是表示区域 D 上的三维向量有限序列，用函数的形式描述为：

$$V_i = (x_i,\ y_i,\ z_i) \quad i = 1,\ 2,\ \cdots,\ n$$

式中，x_i、y_i 是平面坐标；z_i 是（x_i，y_i）对应的高程值。当该序列中各平面向量的平面位置呈规则格网排列时，其平面坐标可省略，此时，DEM 就简化为一维向量序列 $\{z_i,\ i=1,\ 2,\ 3,\ \cdots,\ n\}$。

与传统地形图比较，DEM 有如下特点：

（1）容易以多种形式显示地形信息：地形数据经过计算机软件处理后，可产生多种比例尺的地形图、纵横断面图和立体图。而常规地形图一经制作完成后，比例尺不容易改变，若改变或者绘制其他形式的地形图，则需要大量的人工处理工作。

（2）精度不会损失：常规地图随着时间的推移，图纸将会变形，失掉原有的精度。而 DEM 采用数字媒介，因而能保持精度不变。另外，由常规的地图用人工的方法制作其他种类的地图，精度会受到损失，而由 DEM 直接输出，精度可以得到保证。

（3）容易实现自动化、实时化：常规地图要增加和修改都必须重复相同的工序，劳动强度大而且周期长，不利于地图的实时更新。而 DEM 由于是数字形式的，所以增加或改变地形信息只需将修改信息直接输入到计算机，经软件处理后立即可产生实时化的各种地形图。

总之，数字高程模型具有以下显著的特点：便于存储、更新、传播和计算机自动处理；具有多比例尺特性，如1km分辨率的DEM自动涵盖了更小分辨率如10m和100m的DEM内容；特别适合于各种定量分析与三维建模。

DEM是多学科交叉与渗透的高科技产物，已在测绘、资源与环境、灾害防治、国防等与地形分析有关的各个领域发挥着越来越大的作用，在国防建设与国民生产中也有很高的利用价值。例如，在民用和军用的工程项目中计算挖填土石方量；为武器精确制导进行地形匹配；为军事目的显示地形景观；进行越野通视情况分析；道路设计的路线选择、地址选择；不同地形的比较和统计分析；计算坡度和坡向，绘制坡度图、晕渲图等；用于地貌分析，计算侵蚀和径流等；与专题数据进行组合分析，等等。并且还可以由DEM派生出平面等高线图、立体等高线图、等坡度图、晕渲图、通视图、景观图、立体透视图等。因此，DEM具有广泛的应用前景与潜力。

2.2 DEM的表示方法及特点

数字地形通常有等高线、规则格网（Grid）和不规则三角网（TIN）3种不同的表示方法。通常所说的数字高程模型，主要是指规则格网DEM和不规则三角网TIN[32]。这两种形式的地形模型，结构相对简单，易于建立拓扑关系，以及对模型进行可视化和分析。其中，由于规则格网DEM在生成、计算、分析、显示等诸多方面的优点，应用更为广泛。

2.2.1 规则网格（Grid）DEM表示法

为了减少数据的存储量及便于使用管理，可利用一系列在 x，y 方向上都是等间隔排列的地形点的高程 z 表示地形，形成一个规则格网DEM。

在这种情况下，除了基本信息外，DEM就变成一组规则网格存放的高程值，在计算机语言中，它就是一个二维数组或数学上的一个二维矩阵：

$$\mathrm{DEM} = \{H_{ij}\}$$
$$i = 1, 2, \cdots, m-1, m;\ j = 1, 2, \cdots, n-1, n$$

此时，DEM 来源于直接规则格网采样点或不规则离散数据点内插产生。规则格网 DEM 的优点不言而喻，如数据结构简单、便于管理和进行各种分析，以及制作立体图等。高程矩阵特别有利于各种应用。但规则格网 DEM 也有缺点：

（1）地形简单的地区存在大量的冗余数据；

（2）如不改变格网大小，则无法使用于起伏程度不同的地区；

（3）由于栅格过于粗略，不能精确表示地形的关键特征，如山峰、洼坑、山脊、山谷等。

为了压缩栅格 DEM 的冗余数据，可采取用游程编码或四叉树编码方法对数据进行处理。

2.2.2 不规则三角网（TIN）表示法

为克服规则格网的缺点，可采用附加地形特征数据，如地形线（山脊线、山谷线、断裂线、水涯线等）和地形特征点等，从而构成完整的 DEM。若将按地形特征采集的点按一定规则连接成覆盖整个区域且互不重叠的许多三角形，构成一个不规则三角网表示，DEM 通常称为三角网 DEM 或 TIN。

不规则三角网（Triangulated Irregular Network，缩写为 TIN）克服了高程矩阵中冗余数据的问题，其最主要的优点就是可变的分辨率，可根据不同地形，选取合适的采样点数，即当表面粗糙或变化剧烈时，TIN 包含大量的数据点，而当表面相对单一时，在同样大小的区域 TIN 则只需要少量的数据点。另外，TIN 还具有考虑重要表面数据点的能力，能充分利用地貌的特征点、线，较好地表示复杂地形，进行地形分析也很方便。它多年来一直是人们的研究热点[33]。当然，正是这些优点导致了其数据存储与操作的复杂性，因而不便于规范化管理。

不规则三角网 TIN 和规则格网 DEM 是可以互相转换的。在现今的 GIS 系统中，基本上均支持以上两种数据格式，并提供相互转换功能。

2.3 DEM 的发展及研究现状

数字地面模型是 20 世纪 50 年代由美国 MIT 摄影测量实验室主任

米勒（C. L. MILLER）首次提出的，并用其成功地解决了道路工程中土方的估算问题。60年代，对数字高程模型的研究主要集中在对插值方法的研究上，并提出了一些实用的算法，如移动曲面拟合法、多面函数法、最小二乘内插法和有限元内插法等。70年代初，数字高程模型的研究和应用迅速发展，除了工程应用之外，主要研究利用离散点或断面线高程数据自动绘制等高线图。70年代中后期，对采样方法进行了较深入的研究。80年代以来，对DEM的研究已涉及DEM系统的各个环节，其中包括用DEM表示地形的精度、地形分类、数据采集、DEM的粗差探测、质量控制、DEM数据压缩、DEM应用以及不规则三角网TIN的建立与应用等。20世纪90年代以来，随着地理信息系统的发展，DEM在GIS中得到广泛应用，已成为地理信息系统的一个重要的组成部分。由于DEM具有广泛的应用价值，国内外已将其作为国家基础地理信息产品之一[34]。

2.4 DEM的构建方法

目前，数字地面模型的来源和获取途径主要有以下三种：

（1）全数字野外测量；

（2）利用数字摄影测量和遥感的方法从地面的数字影像上获取；

（3）将现有的各种比例尺的地形图数字化。

A 以地面野外实测记录为数据源

用GPS、全站仪和电子手簿或测距经纬仪等设备，在已知点位的测站上观测到目标点的方向、距离和高差三个要素。计算出目标点的（x，y，z）三维坐标，存储于电子手簿或计算机中，作为建立DEM的原始数据。这种方法一般用于建立小范围大比例尺（比例尺大于1∶5千）区域的DEM，对高程的精度要求较高。另外，气压测高法获取的地面稀疏点集的高程数据，也可用于建立对高程精度要求不高的DEM。

B 以航空或航天遥感图像为数据源

这种方法是由航空或航天遥感立体像对，用摄影测量的方法建立空间地形立体模型，量取密集数字高程数据，建立DEM。采集数据的摄影测量仪器包括各种解析的和数字的摄影测量与遥感仪器。

C 以地形图为数据源

世界上几乎所有的国家都拥有地形图，这些地形图是 DEM 的另一主要数据源。对许多发展中国家来说，这些数据源可能由于地形图覆盖范围不够或因地图高程数据的质量低下和等高线信息的不足而比较欠缺。但对于大多数发达国家和某些发展中国家（比如中国）来说，其国土的大部分地区都有着包含等高线的高质量地形图，这些地形图无疑为地形建模提供了丰富廉价的数据源。

因此，获得 DEM 的一种方法就是通过对这些地形图图纸进行扫描，然后通过矢量化得到数字化等高线，再内插成为 DEM。这种方法不需要投入大量设备，可按工程的规模实时组织进行，所以是目前生成 DEM 的主要方法之一。本研究所用 DEM 数据便是由此方法生成。

D 其他数据源

采用近景摄影测量在地面摄取立体象对，构造解析模型，可获得小区域的 DEM。此时，数据的采集方法与航空摄影测量基本相同。这种方法在山区峡谷、线路工程和露台矿山中有较大的应用价值。另外，航空测高仪可获取精度要求不太高的高程数据，也可以依此来构造 DEM。

2.5 研究区 DEM 数据概况

2.5.1 山东省 DEM 数据概况

山东省 DEM 数据为 SRTM DEM，空间分辨率为 85m，对其进行投影转换得到研究区 DEM：采用 Albers 投影，椭球体为 krasovsky。投影主要参数，第一条纬线：北纬 35°；第二条纬线：北纬 37°；中央经线：东经 118.5°；起始投影纬线：0°。

2.5.2 日照市 DEM 数据概况

日照市 DEM 数据是以国家 1∶5 万地形图为信息源。该地形图采用 1954 年北京坐标系，1956 年黄海高程系，等高距分别为 20m 和 10m 不等。DEM 数据是在地形图扫描数字化后生成，制作过程严格依照国家测绘局关于建立数字高程模型的标准进行。基本过程分为资料分析及图面预处理、地形图的扫描及栅格影像的纠正、矢量数据采集、矢量数据的编辑、DEM数据的生成五大部分，技术路线如图2-1所示。

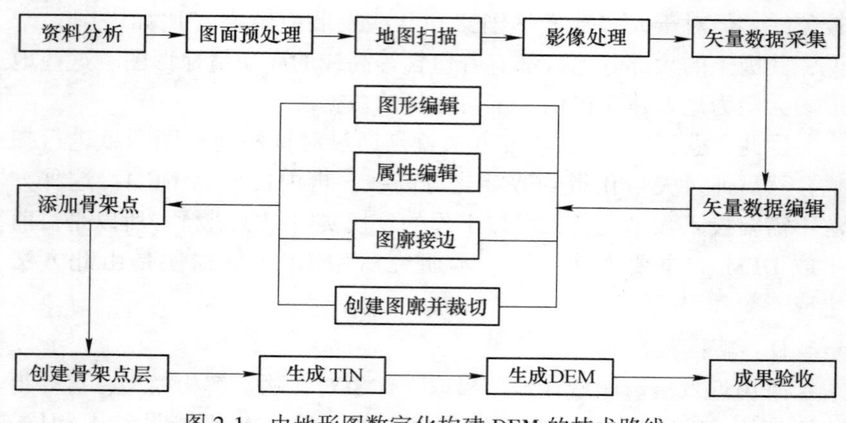

图2-1 由地形图数字化构建DEM的技术路线

DEM建立中应注意的事项为：

根据DEM生产项目所涉及的具体应用领域，确定需要加测的重要地物。比如，对于生产关于水利防洪项目的DEM，对于河流两岸的主干堤、人工堤等对实际防洪很有意义的，必须进行加测，这样才能得到完整、可靠的数据。

高程精度难以达到正常规定要求的，应使用一定的方法圈出其范围，作为DEM推测区。如地形图上大范围内的城镇、街区、沼泽、草绘等高线范围、一定树高的密林区、一定面积的陡石山、一定宽度的双线河范围等。

因为DEM是由原始数据经过处理以后形成的，所以原始数据的质量必须予以保证，即应对原始数据作严格的检查。

无论哪种方法生产的DEM，都必须对DEM进行编辑、修改。

图2-2是日照市研究区的DEM光照晕渲图。日照市的DEM为1∶5万比例尺，其空间分辨率为25m，采用Transverse Mercator投影，椭球体为krasovsky。表2-1为研究区DEM数据的信息统计。

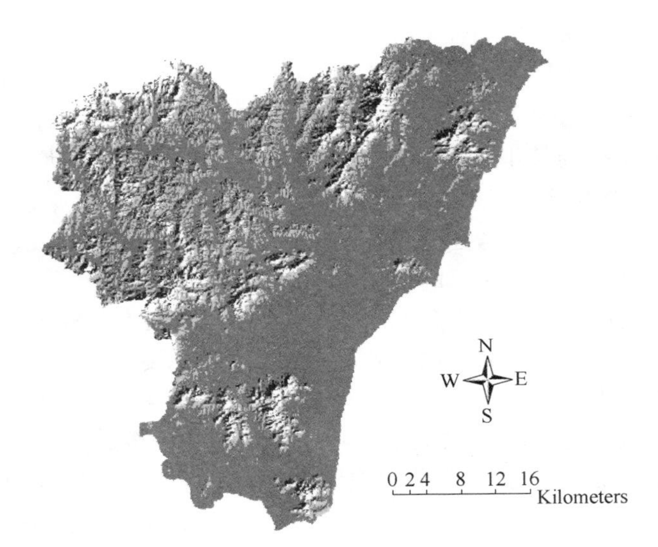

图 2-2 日照市 DEM 光照晕渲图

表 2-1 DEM 信息统计表

地区	平均值	最大值	最小值	标准差
日照市	75.85	650.00	0.00	75.35

2.6 DEM 在气候因子模拟中的作用

气候的形成，除地理纬度、离海洋距离远近、季节以及大气环流等背景条件外，在很大程度上受到研究区本身地形特点的影响。GIS的发展以及 DEM 的建立，使得区域气候因子的模拟得以实现。由于地形因子对山地气候影响作用的显著性，精确的地形分析将大大提高山地气候资源模拟的精度。而 DEM 恰恰能够提供经度、纬度、高程信息以及坡度、坡向、地形粗糙度等地形因子并为进行气候资源的逐栅格空间推算提供了条件，最后还可用来对模拟结果进行可视化表达。在气候资源模型的计算中引入 DEM，不仅可以提高计算速度，增加模拟的精确性，还能对模型起到优化的作用。同样，数字高程模型的地形描述精度在很大程度上受其信息源精度与栅格分辨率的影响，了解研究的空间尺度条件，选择适用的 DEM，是进行太阳辐射、地表温度、降水、风等气象资源有效模拟的基础。关于不同比例尺的 DEM 对模拟精度的影响程度，杨昕通过对比同一地区 1∶1 万，1∶5 万，1∶25 万 DEM 模拟太阳辐射的误差分析发现，随着比例尺的减小，模拟结果的精细程度降低，地区差异减小，模拟值增大。1∶1 万和 1∶5 万的模拟结果较为接近，1∶25 万的模拟结果则误差较大。在实际应用中，应该考虑研究的地域范围、研究的目的以及数据生产的可能性选择恰当比例尺的 DEM。

基于 DEM 的气候因子模拟能够为农业区划及农业资源评价提供依据，对于更加有效的利用气候资源，也有着重要的意义。通过研究区域湿度、温度、降水、风速的差异与植物生长条件之间的关系，为选择何种最佳生长物提供决策参考，实现最佳的生态与经济综合效益。基于 DEM 的气候因子的模拟为对区域气象资源的空间模拟与可视化表达提供了新的研究手段与研究思路，为 GIS 拓宽了研究与应用的领域，加深研究的层次，并且为进一步探求地形对区域气候的影响，拓宽地形因子挖掘的范围，打下了基础。

第 3 章

数据来源与研究方法

3.1 数据来源

本研究所用的基础数据来源于山东省气象局，数据内容为 1971~2010 年的历年逐月平均温度、湿度、平均降水量、风速、风向以及各气象站的经度、纬度和海拔高度数据，共涉及山东省内 114 个气象站点，其中 84 个站点用于模型插值，30 个站点用于模型的检验（图 3-1）。

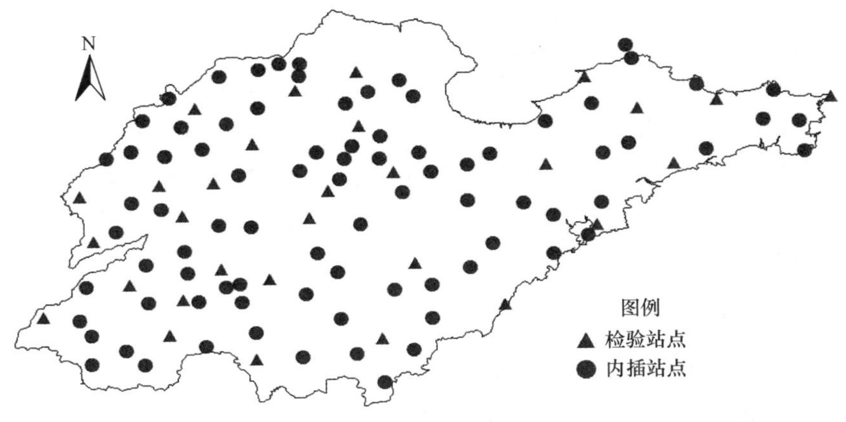

图 3-1　山东省气象站点分布图

3.2 常用的内插方法

20 世纪 90 年代以来，随着 GIS 技术在国内的迅速发展，在 GIS 软件中提供了许多空间插值方法，为研究气象要素的空间分布提供了解决途径。常用于气象要素空间插值的方法有逆距离权重法（Inverse Distance Weighing）、趋势面插值法（Trend）、克里格法（Kriging）、样条函数法（Spline）等。

3.2.1 距离权重法

距离权重法是通过对采样点的值进行加权平均来估计内插点的值，权重完全是内插点到采样点距离的函数，而不考虑其他因素。内插公式如下：

$$\hat{y} = \sum \lambda_i y(x_i) = \frac{\sum_{i=1}^{n} 1/d_i^m \times y(x_i)}{\sum_{i=1}^{n} 1/d_i^m} \qquad m = 1 \text{ 或 } 2$$

式中，$y(x_i)$ 为内插变量在 x_i 处的观测值；n 为用于内插的样点个数；λ_i 为权重，是内插点与观测点之间距离（d_i）倒数的幂函数，距离越远，权重越小，表明该采样点的影响力越小，权重的和等于1。幂次 m 越高，内插点附近点的作用越大，而远处采样点的影响越小，该方法的结果越接近于最邻近法的结果。

由于简单易行，该方法已广泛用于采矿业，也用于气候资料的插补。该方法的缺陷是缺乏误差估计，并且没有考虑影响内插变量空间分布的其他因素。在进行大尺度气候要素变化，忽略其他条件的不均时，可采用该方法。另外在对气候要素进行预处理后，对残差部分也可以采用该方法进行内插。

3.2.2 趋势面插值法

趋势面插值是利用一个通过各空间采样点的空间曲面来模拟内插变量的空间变化，常用二次多项式来拟合：

$$Z_{\mathrm{p}} = a \times x^2 + b \times xy + c \times y^2 + d \times x + e \times y + f$$

式中，a、b、c、d、e、f 为待定系数，一般用最近6个点来计算多项式的系数，若取用的点数多于6个，则要采用最小二乘法来拟合。

趋势面内插的优点是极易理解，大多数数据特征可以用低次多项式来模拟；缺点是，复杂的高次多项式的物理意义不清楚。趋势面分析最大的用途是：在进行局部内插前，从数据中去掉一些物理意义清楚的宏观变化特征。它适用于：（1）能以空间的视点诠释趋势和残差；(2) 观测有限，内插也基于有限的数据。

3.2.3 克里格法

克里格法插值的思路是，首先考虑内插变量在空间上的变异分布，确定对一个待插点值有影响的距离范围，然后用此范围内的样点值来估计待插点的值。该方法的理论基础是区域变化理论。该理论假设任何变量的空间变化都可以用下述三个主要成分的和来表示：(1) 与均值即趋势有关的结构成分；(2) 与局部变化有关的成分；(3) 随机噪声项即剩余误差项。即：

$$Z(x) = m(x) + \varepsilon'(x) + \varepsilon''$$

反映变量空间变异的半方差函数 $\gamma(h)$ 是该方法的核心问题。常用的理论模型有球面模型、指数模型和线性模型，其中球面模型如下式所示：

$$\gamma(h) = \begin{cases} 0 & h = 0 \\ C_0 + C\left(\dfrac{2}{3} \times \dfrac{h}{a} - \dfrac{1}{2} \times \dfrac{h^3}{a^3}\right) & 0 < h < a \\ C_0 + C & h > a \end{cases}$$

式中，a 为变程即影响距离，表示相互影响的最大距离，两点之间距离超过该变程时，影响为零；h 为延迟，表示两点间的距离；C_0 为核方差，C_0+C 为梁，表示空间协方差的最大值。权重采用下式确定：

$$\begin{cases} \sum\limits_{\beta=1}^{n} \lambda_\beta \times \bar{\gamma}(V_\alpha, V_\beta) + \Psi = \bar{\gamma}(V_\alpha, V) & \alpha = 1, 2, \cdots, n \\ \sum\limits_{\beta=1}^{n} \lambda_\beta = 1 \end{cases}$$

式中，Ψ 为计算最小方差时需要的拉格朗日乘法算子。

将权重系数代入下列估计式即可得到内插点的值：

$$Z_k = \sum_{i=1}^{n} \lambda_i \times Z_i$$

从理论上说，该方法是一种先进的内插技术，它强烈地依赖于统计理论和大量的计算工作。它在计算过程中妥善选取表明空间相关联的形状和大小，使点或面的局部估计值得到改善。其另一个优点是，能同时产生与内插值有关的误差估计。该方法的缺点是，从数据中清除不稳定性，使其达到与固有假设相同的状态是极其困难的，对于不熟悉该方法的使用者，尤其困难。另外，必须要有足够的数据用以建立半方差函数模型。

3.2.4 样条函数法

样条函数法是使用一种数学函数，对一些限定的点值，通过控制估计方差，利用一些特征节点，用多项式拟合的方法来产生平滑的插值曲线。这种方法适用于逐渐变化的表面，如温度、高程、地下水位高度或污染浓度等。使用公式表示为

$$Z = \sum_{i=1}^{n} A_i d_i^2 \lg d_i + a + bx + cy$$

式中，Z 为待估计的气温栅格值；d_i 为插值点到第 i 个气象站点的距离；$a+bx+cy$ 为气温的局部趋势函数；x，y 为插值点的地理坐标；$\sum_{i=1}^{n} A_i d_i^2 \lg d_i$ 为一个基础函数，通过它可以获得最小化表面的曲率；A_i、a、b 和 c 为方程系数；n 为用于插值的气象站点的数目。

样条函数法又分为张力样条插值法（spline with tension）和规则样条插值法（regularized spline）。

第 4 章
基于 DEM 的气温空间分布模拟

4.1 气温分布的影响因子

众所周知，影响气温分布与变化的因素很多，主要有经度（主要考虑离海远近）、纬度（主要考虑太阳辐射）、所在大山系的走向、气候背景条件、测点的海拔高度、地形条件（坡向、坡度、地形遮蔽度等）和下垫面性质（土壤、植被状况等）等。其中，当山区范围较大时，经度、纬度、海拔高度的影响是主要的；而当研究区范围较小时，经度和纬度的变化影响很小，可以忽略，海拔高度和地形条件的影响才是主要的[11]。

大气中的热量主要是由地面供给的，对流层空气的增温主要依靠吸收地面的长波辐射，离地面越近，获得的长波辐射的热能越多，气温越高；反之，离地面越远，气温越低。所以，气温在自由大气中的变化，主要是由离地面高度不同所造成的。随离地面高度的增加，自由大气中的气温一般总是递减的。根据探空资料，中纬度地区自由大气中的年平均气温，高度每上升 100m，约降低 0.6℃。

关于地形对气温的影响，有些气候学者提出在回归模型中直接加入地形因子（坡度、坡向），以体现地形对气候资源的作用。但是我们知道气象观测资料来源于各地的气象站点。气象站选址时，充分考虑了气象资料采集的基本要求，一般选择在山顶或平坦宽阔的地方，观测场地坡度为零，并且在一定距离内没有遮蔽物的影响。因此，在利用地形因子进行气温订正时，无法直接将坡度引入内插模型。另外，坡度和坡向对温度的影响是通过辐射起作用的，并不存在简单的函数关系。我们知道，地表能量的来源主要是太阳辐射。坡度、坡向和地形遮蔽等地形因子决定着一地太阳辐射的空间变化，坡度、坡向和遮蔽等地形因子影响着一地辐射量的多少，再通过辐射平衡来影响气温等气候因子。研究表明，温度与辐射的关系非常密切，一地接收到的太阳辐射量越多，温度越高。因此，坡地上温度分布随坡向、坡度及季节和纬度而变化的特点和规律性，一般与坡地上的辐射相类似[11,13]，根据前人的研究结果，月平均温度与天文辐射在空间和时间尺度上都有着很好的相关关系[11,18]。

4.2 气温空间分布模拟技术流程

以山东省DEM数据和气象站气温统计数据为基础，利用ArcGIS中提供的插值方法（克里格法）对同一海拔高度下的气象站数据进行内插，得到水平面上气温的空间分布趋势；利用DEM数据得到研究区高程、坡度、坡向等地貌要素，结合太阳轨迹的变化周期，建立太阳辐射模型，分别求出水平面上和坡地上任一时刻、任一地点的太阳天文辐射值；然后通过气温直减率法以及辐射与温度之间的相关关系，对日照市实际地形下的平均气温进行了分布式模拟。整个过程在GIS技术支持下完成，采用的技术流程如图4-1所示。

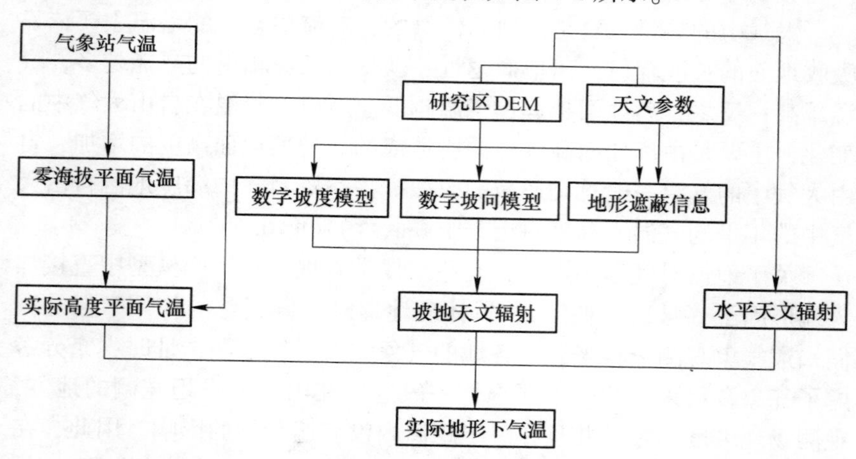

图4-1 基于DEM的气温模拟技术流程图

4.3 气象站气温的内插

首先将用来内插的各气象站的气温数据按照气温直减率法（本

书所采用的气温直减率取为 0.6℃/100m）订正到同一海拔高度上（本书订正到零海拔）。将气象台站资料按照其经纬度在 ArcGIS 中生成点图层，进行投影和坐标转换后，将零海拔的气温资料挂接入点图层作为属性数据，然后进行内插即可。采用克里格法对零海拔平面上气象站点的气温进行内插，生成气温分布格网图层。该图层仅能反映没有地形起伏条件下零海拔平面上的气温分布趋势。将 DEM 格网图层与零海拔平面上气温分布格网图层按照气温直减率法进行栅格运算，得到各栅格不同高程的平面上的气温分布，内插结果同时反映了温度随纬度、海洋影响等宏观条件的分布趋势。栅格运算的公式为：

$$T_{\mathrm{h}} = T_0 - 0.006 \times \Delta h$$

式中，T_{h} 为不同高程平面上的温度；T_0 为零海拔平面上的温度；Δh 为高度差。

4.4 天文辐射的模拟

4.4.1 基本概念

4.4.1.1 天球与天球坐标系

为了研究方便，把地球视作不动，并以观测者的所在位置为中心，设想一个球体，太阳、月亮和其他天体都位于这个球体的球面上，这个假想的球体，称为天球。

图 4-2 表示天球及天球坐标系。天球中心 O 点表示观测者所处的地理位置（地理纬度为 ϕ）；M 点表示太阳于某一时刻在天球上的位置；天球大圆 SWNE 表示地平圈（其中 S、W、N、E 分别表示南点、西点、北点、东点），Z、Z' 分别为观测者的天顶和天底；大圆 QQ' 表示天球赤道（简称大赤道，是由地球赤道面无限延伸并与天球相截而成的天球大圈），P、P' 分别为天球北极和天球南极（简称为天北极和天南极）。根据天文学定律，天北极 P 在地平上的高度等于观测者所处的地理纬度，即 $\angle PON=\phi$。

通过太阳 M 分别作地平经圈 ZMZ' 和赤经圈 PMP'。通过天球两极和天顶、天底的天球大圈 $PZP'Z'$ 称为天球子午圈。K 点为地平经

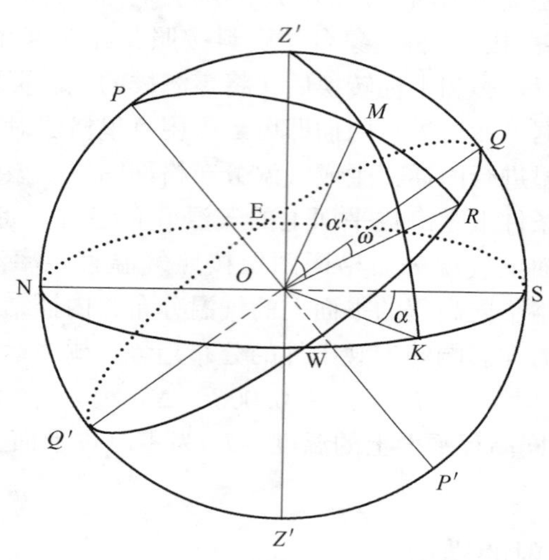

图 4-2 天球及天球坐标系

圈 ZMZ'与地平圈 SWNE 的交点；R 点为赤经圈 PMP'与天赤道 QQ'的交点，连接 MO，KO 与 RO。

太阳高度角：h，是指太阳对于地平面的角距离$\widehat{KM}$，太阳高度角从 0°到 90°。即 $h=\angle KOM$。通俗地讲，太阳高度角就是高于地平面的角度，向天顶的方向为正，向天底的方向为负。

太阳赤纬：δ，指太阳对于天球赤道平面的角距离$\widehat{RM}$，即 $\delta=\angle ROM$。即从赤道上观察者的天顶到正午时太阳之间的角度，或者太阳距离天球赤道的角度，北为正，南为负。太阳赤纬在 6 月 21 日（北半球的夏至，南半球的冬至）达到它的最大值+23°27′，这时地球接近远日点，距太阳 152148000km。它在 12 月 20 日（北半球的冬至，南半球的夏至）达到最小值-23°27′，这时地球接近近日点，距太阳 147176000 公里。在 3 月 21 日和 9 月 22 日春分和秋分时太阳赤纬为 0°。

在此采用左大康等给出的 Fourier 级数表达式计算赤纬，公式如下：

$$\delta = 0.006894 - 0.399512\cos\theta + 0.072075\sin\theta - 0.006799\cos2\theta + 0.00089\sin2\theta$$

式中，θ 称为日角，即 $\theta = 2\pi t/365.2422$；$t=N-1$；N 为积日，即日期在年内的顺序号。

日地距离：地球绕太阳公转的轨道是椭圆形的，太阳位于椭圆两焦点中的一个。发自太阳到达地球表面的辐射能量与日地间距离的平方成反比。因此，一个准确的日地距离值 R 就变得十分重要了。日地平均距离 R_o。又称天文单位，1 天文单位 $=1.496\times10^8$ km；或者更准确地讲，等于 149597890±500km。日地距离的最小值（或称近日点）为 0.983 天文单位，其日期大约在 1 月 3 日；而其最大值（或称远日点）为 1.017 天文单位，日期大约在 7 月 4 日。地球处于日地平均距离的日期为 4 月 4 日和 10 月 5 日。

由于日地距离对于任何一年的任何一天都是精确已知的，所以这个距离可用一个数学表达式表述。为了避免日地距离用具体长度计量单位表示过于冗长，一般均以其与日地平均距离比值的平方表示，即 $E_o = (R/R_o)^2$，也有的表达式用的是其倒数，即 R_o/R。这并无实质区别，只是在使用时需要注意不可混淆。这里同样使用左大康等得到的数学表达式：

$$E_o = 1.000109 + 0.033494\cos\theta + 0.001472\sin\theta + 0.000768\cos2\theta + 0.000079\sin2\theta$$

太阳时角：ω，指太阳赤经圈面 PMP' 与天球子午面 $PZP'Z'$ 的夹角，即 $\omega=\angle QOR$。天球绕地轴的每日视旋转可用时角来表示，时角就是时圈和观察者子午圈之间的角度。从观察者向西为正，它可以用时、分和秒以及度、分，或弧度表示。一小时等于 $2\pi/24 = 0.262$ 弧度，或者 $360°/24 = 15°$，因而 1min = 天球旋转 15′，1s = 天球旋转 15″。时角在正午时为零，早上为负，下午为正。

太阳方位角：A，就是从子午圈到经过观察者的天顶和天体的大圆之间的角。以北向为零，顺时针为正，从 0° 到 360°。即角 $A=\angle NOK$。

4.4.1.2 太阳常数

太阳常数是指在平均日地距离时，在地球大气层外，垂直于太阳辐射的表面上，单位面积单位时间内所接收到的太阳辐射能。关于太阳常数有很多争论，世界辐射中心（WRC）采用 1367W/m^2（$1.96\text{kar/(cm}^2 \cdot \text{min))}$，这与1981年12月国际气象组织推荐的太阳常数值相同，我们即采用此值。

4.4.2 天文辐射的模拟

在天文辐射的计算中，需要用到太阳赤纬 δ 和地球轨道修正因子 E_0 两个天文参数。将参数 δ 和 E_0 看作以一年为周期循环的函数，则它们的 Fourier 级数表达式如下：

（1）地球轨道修正因子

$$E_0 = 1.000109 + 0.033494\cos\theta + 0.001472\sin\theta + 0.000768\cos2\theta + 0.000079\sin2\theta$$

式中，θ 称为日角，即 $\theta = 2\pi t/365.2422$；$t=N-1$；N 为积日，即日期在年内的顺序号。

（2）赤纬

$$\delta = 0.006894 - 0.399512\cos\theta + 0.072075\sin\theta - 0.006799\cos2\theta + 0.00089\sin2\theta$$

式中，θ 的含义同上。

太阳天文辐射模型如下：

S_0 为平地的太阳天文辐射量，$S_{0\alpha,\beta}$ 为坡地天文辐射量：

$$S_0 = \frac{24}{\pi} I_0 E_0 (\omega_{s,i}\sin\varphi\sin\delta + \cos\varphi\cos\delta\sin\omega_{s,i})$$

$$S_{0\alpha,\beta} = \frac{I_0 T E_0}{2\pi}\sum_{i=1}^{n}[u\sin\delta(\omega_{s,i} - \omega_{r,i}) + v\cos\delta(\sin\omega_{s,i} - \sin\omega_{r,i}) - w\cos\delta(\cos\omega_{s,i} - \cos\omega_{r,i})g_i]$$

$$\begin{cases} u = \sin\varphi\cos\alpha - \cos\varphi\sin\alpha\cos\beta \\ v = \sin\varphi\sin\alpha\cos\beta + \cos\varphi\cos\alpha \\ w = \sin\alpha\sin\beta \end{cases}$$

式中，T 为日长；φ 为地理纬度；α 为坡度；β 为坡向；I_0 为太阳常数 1367W/m^2；n 为可照时角的离散数目，取经验值 $n=36$；$\omega_{r,i}$ 和 $\omega_{s,i}$ 为微分时段内的日出和日落时角；g_i 为地形遮蔽度。

首先利用 DEM 提取数字坡度模型、数字坡向模型并计算太阳日出和日落时角，确定可照时角的离散数目 $n = 36$。从日出开始分别计算每一个微分时段内的日出时角和日落时角，相应的太阳高度角和太阳方位角，然后计算得到该微分时段内的地形遮蔽度数字模型。采用光线追踪算法计算地形遮蔽，搜索入射路径上所有格网点，若某格网点高程与计算格网点高程之间的高度角大于该入射路径上的太阳高度角，则这是一条可遮蔽路径，在任一微分时段内，研究点的日照状况完全取决于两端点时刻的日照状况。即：若两端点时刻可照（遮蔽），则整段可照（遮蔽）；若一时刻可照，另一时刻遮蔽，则整段有一半时间可照（遮蔽）。利用太阳辐射公式求出每一微分时刻的太阳天文辐射，最后利用 GIS 的多层面复合分析方法，将各微分时段数值累加求和，得到一天的辐射量。

由于以上数据处理过程较为繁琐，在 ArcGIS 软件的支持下，利用其提供的宏语言功能编写了 AML 程序，通过输入模拟日期、研究区 DEM 和纬度值，就可以实现整个过程的自动批处理。

4.4.3 实际地形下的气温模型

坡度、坡向等地形因子对温度的影响是通过辐射起作用的，地形通过改变辐射的分布而影响温度的空间分布。根据前人研究，月平均温度与天文辐射在空间和时间尺度上都有着很好的相关关系[8,11]，坡地与平地的温度差异可以通过坡地与平地的天文辐射差异表示。因此，用推算出的实际高度上平面的温度空间分布，加上辐射造成的差异，就可得到实际地形下温度的空间分布。

实际地形下温度模型可表示为：

$$T_s = T_h + r \times \Delta S$$

式中，T_s 为实际地形下的温度；T_h 为实际高度上平面的温度；ΔS 为坡地与平地天文辐射之差，r 为订正系数。该模型既考虑了高度对温度的影响，又以辐射量之差表示了坡度、坡向等地形因素对温度的影响，物理机制非常明确。

关于订正系数 r 的确定，程路[11]以 105°E 以东全国 422 站 1971 年~2000 年 30 年年平均气温，与各站年平均天文辐射量进行回归分析，得到回归系数 r=0.0734℃/(MJ · m^2)（图 4-3）。这一结果具有较好的可扩展性，所以用此系数进行模拟。

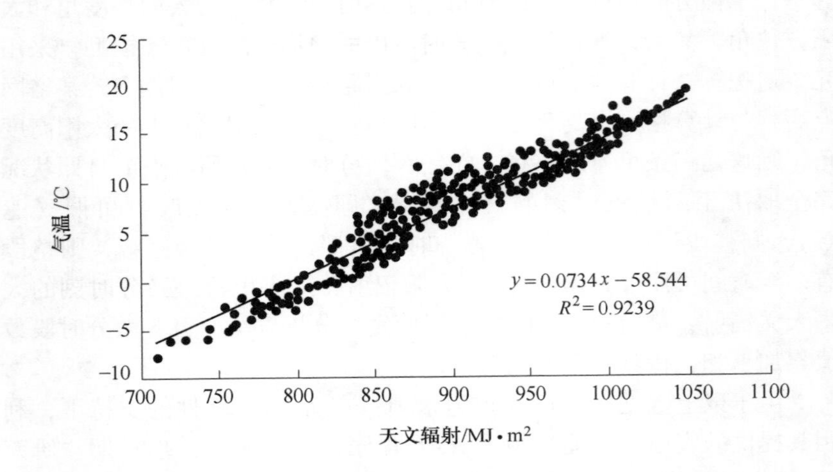

图 4-3　全国 105°E 以东 422 站年平均天文辐射与气温相关图

4.4.4　气温模拟结果

模拟所得的气温时空分布结果如图 4-4 所示。在四张图中，鲁中山区由于海拔较高，受气温直减率法影响，都有一个温度的低值区。1 月温度为−11.2~0.6℃，气温南部值高，北部值低，沿海地区高于内陆地区，总体上呈现纬向分布的趋势。鲁北和山东半岛内陆有一低值中心，而半岛的东部和南部地区为高值区。4 月温度为 5.3~16.4℃，由东向西温度逐渐升高，总体上呈现经向分布的特点。鲁西地区气温基本都在 14℃以上，南部沿海和半岛东部地区值相对较低。7 月温度为 17.8~27.7℃，由东向西升高，呈现经向分布趋势。内陆地区气温较高，而半岛的东部和南部沿海地区温度较低。10 月温度为 5.1~17.1℃，鲁南和半岛的东南沿海地区是高值区，而鲁北、鲁中山区的北部及半岛的内陆地区，温度较低，总体上又呈现出纬向分布的特点。

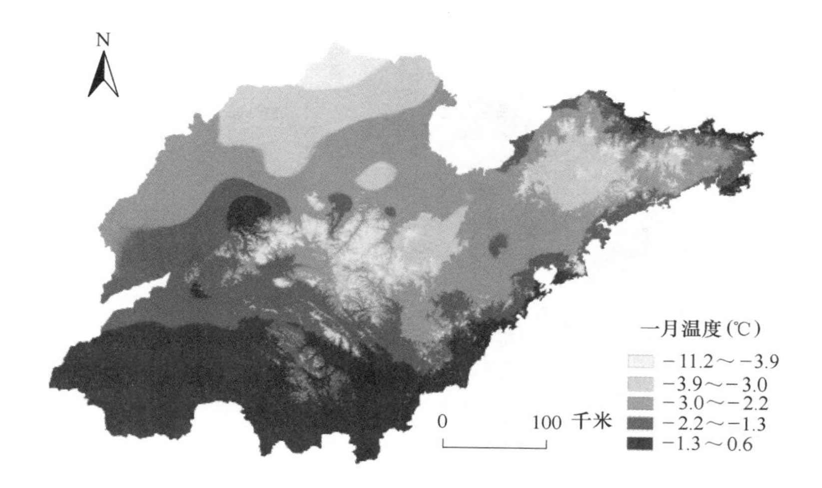
N
一月温度(℃)
-11.2～-3.9
-3.9～-3.0
-3.0～-2.2
-2.2～-1.3
-1.3～0.6
0
100 千米

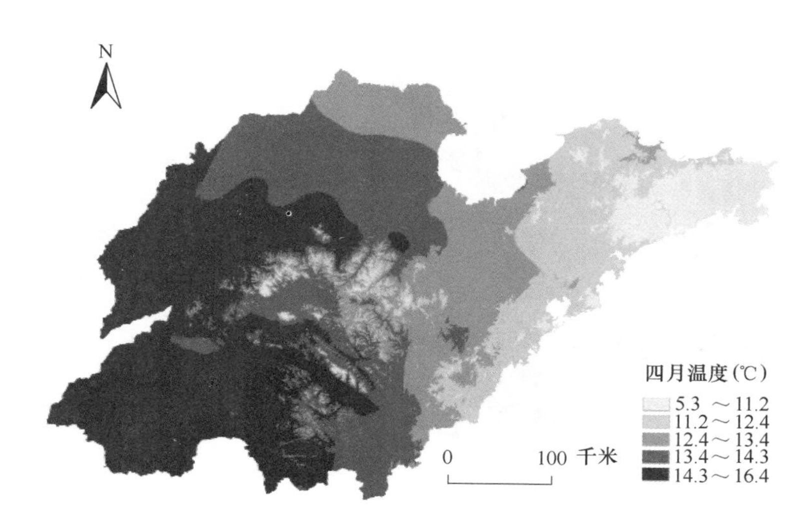
N
四月温度(℃)
5.3 ～11.2
11.2～12.4
12.4～13.4
13.4～14.3
14.3～16.4
0
100 千米

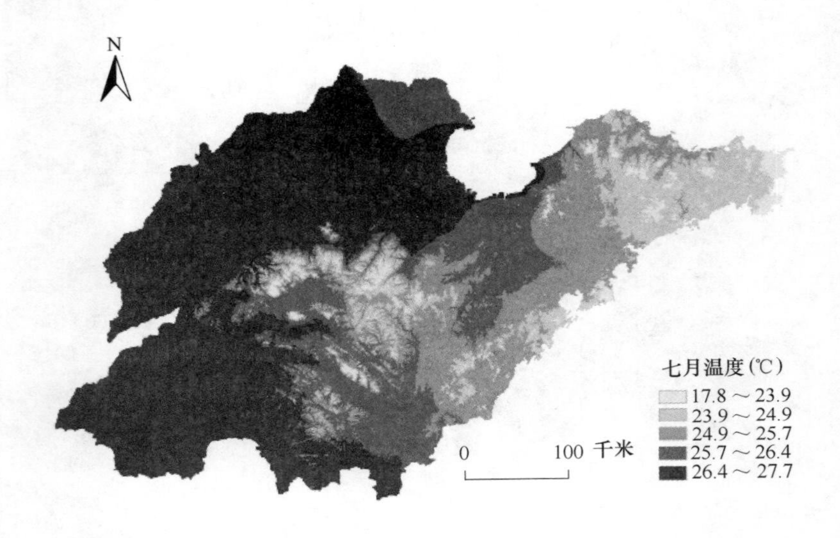

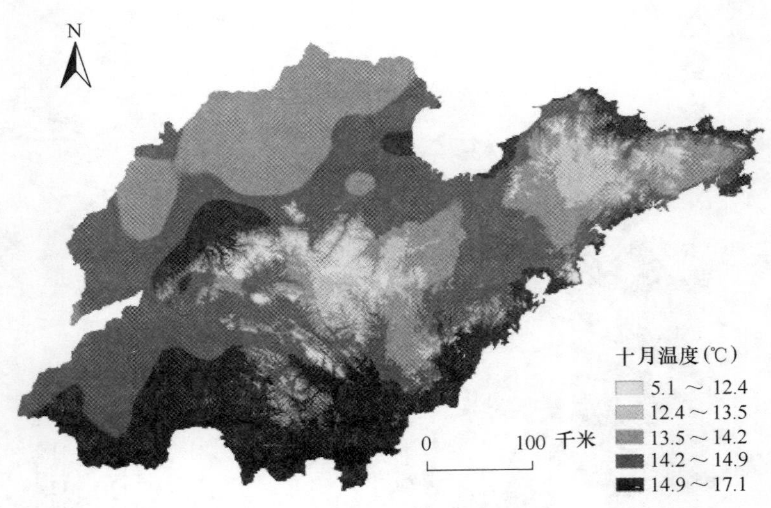

图4-4　山东省代表月份气温空间分布图

第 5 章

基于 DEM 的湿度空间分布模拟

5.1 湿度模拟过程

相对湿度的变化与高度、气温都有关系，因此在数据内插过程中需要综合考虑两个因素，相对湿度的计算公式为[35]：

$$r = r_0 \times 10^{\frac{7.5t_0}{237.3+t_0}-\frac{7.5t_z}{237.3+t_z}-\beta_z}$$

式中，r_0 为地表相对湿度；t_0 为地表温度；t_z 为高度 z 处的温度；β 为常数，自由大气中 $\beta=1/5000\text{m}^{-1}$。

首先将气象站实测湿度数据和气象站海拔高度代入相对湿度公式中，得到同一海拔高度上气象站点的湿度分布数据；对此数据进行克里金插值，得到同一海拔高度上山东省湿度分布结果；将第 4 章得到的零海拔气温和实际地形下气温利用相对湿度公式进行栅格代数运算，得到实际地形下的相对湿度空间分布特征。

5.2 湿度模拟结果

模拟结果如图 5-1 所示。山东省各季节相对湿度的最低值都出现在鲁中山区周围，并以此地区为中心呈现环状分布湿度逐渐升高。地形对 1 月湿度分布的影响尤为显著，其次为 10 月，4 月和 7 月相对湿度的分布受地形影响较小。1 月湿度范围为 52.9%~71.7%，鲁中丘陵山地地区湿度最低，其次为鲁北和鲁南地区，半岛和鲁西地区湿度最高。4 月湿度在 49.1%~72.8%之间，总体呈沿海岸线分布的趋势，鲁中地区为湿度低值区，其余地区由东南向西北湿度逐渐降低。7 月湿度最低值为 69.1%，出现在鲁中山区，高值为 95.6%，分布在东部沿海地区，湿度总体分布与 4 月类似，呈现离海岸线越近湿度越高的特征。10 月湿度在 58.2%~77.7%之间，最高值出现在鲁西地区，低值出现在鲁中和半岛北部地区。

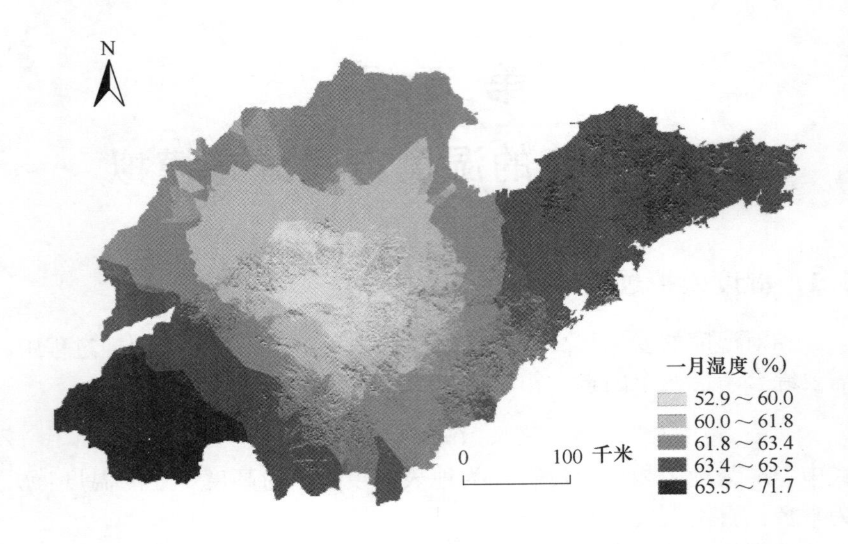
N
一月湿度(%)
52.9～60.0
60.0～61.8
61.8～63.4
63.4～65.5
65.5～71.7
0
100 千米

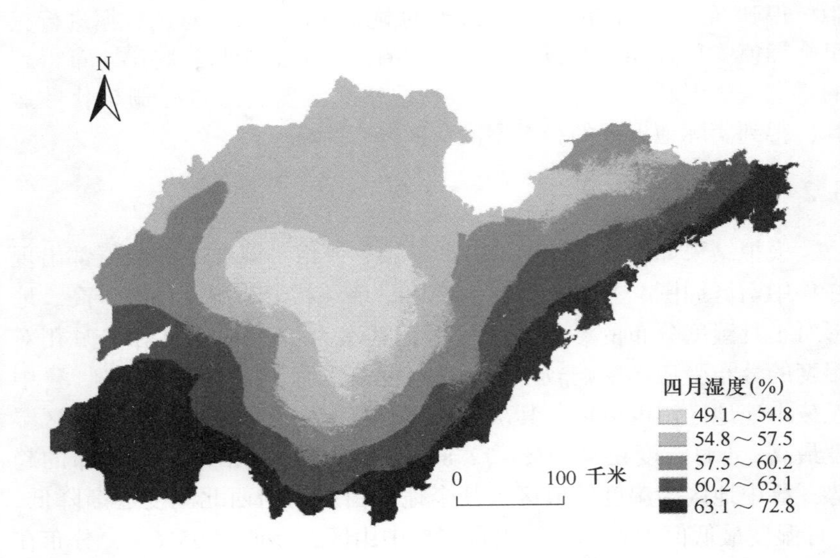
N
四月湿度(%)
49.1～54.8
54.8～57.5
57.5～60.2
60.2～63.1
63.1～72.8
0
100 千米

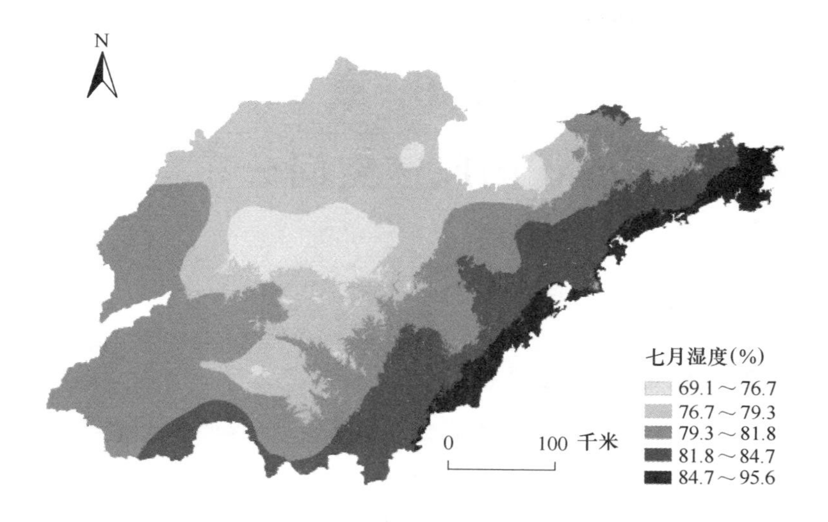

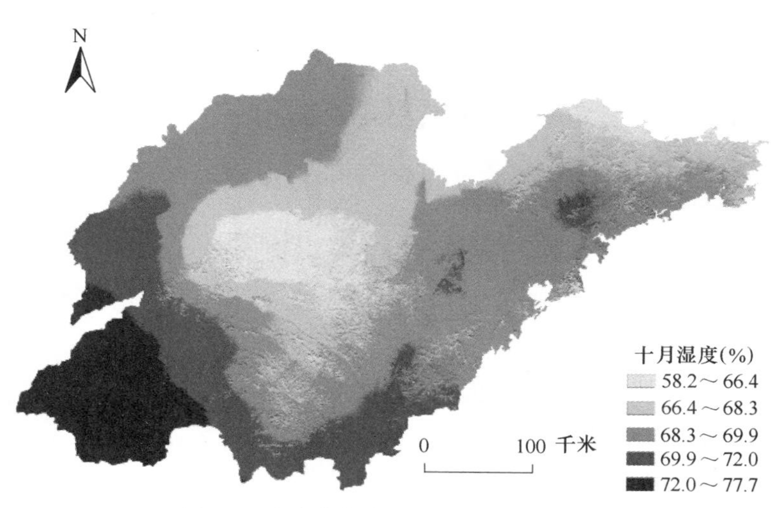

图 5-1 山东省代表月份湿度空间分布图

第 6 章

基于 DEM 的风速空间分布模拟

6.1 复杂地形下风速变化的基本模式

6.1.1 近地层风速的垂直变化

由于地面摩擦的影响，近地层风速随高度的降低而逐渐减小；除了地面粗糙状态外，低层大气的层结状态也是决定扰动强弱的一个重要因子。因此，不同的下垫面和不同的大气层结情况可以得出不同的垂直风速廓线方程。但是在实际应用中，目前仍旧沿袭已久的指数律和对数律公式：

指数律：
$$u = u_1 \left[\frac{z}{z_1}\right]^m$$

对数律：
$$u = u_1 \frac{\ln z - \ln z_0}{\ln z_1 - \ln z_0}$$

式中 u——距地面高度 z 处的风速；

u_1——距地面高度 z_1 处的风速；

z_0——粗糙度；

m——风随高度变化指数，其取值大小按下垫面特征确定，一般介于 1/2~1/8 之间。

一般来说，在近地（海）面处，风速随高度的变化接近于对数律；从地（海）面以上 100m 至摩擦层顶（1000m 左右），变化规律接近于乘幂规律。试验研究表明，在沿海地区，幂指数公式比对数公式可以更精确地拟合垂直风廓线。为此，在进行风速随高度的换算时，采用幂指数公式。表 6-1 给出了采用幂指数公式时，各类下垫面的 m 取值情况。

表 6-1 各类下垫面幂指数（m）的取值

下垫面特征	A类	B类	C类	D类	E类	F类	G类
m	0.10	0.14	0.16	0.20	0.22~0.24	0.28~0.30	0.40

注：A类：光滑地面，硬地面，海洋；B类：草地；C类：城市平地，有较高草地，树木极少；D类：高的农作物，篱笆，树木少；E类：树木多，建筑物极少；F类：森林，村庄；G类：城市有高层建筑。

6.1.2 不同地形部位上的风速差异

当气流通过丘陵或山地时，由于受到地形阻碍的影响，在山的向风面下部，气流受阻，风速减弱，且有上升气流；在山的顶部和两侧，因为流线密集，风速加强；在山的背风面，因流线辐散，风速急剧减弱，且有下降气流。大气愈稳定，背风面风速愈小，有时甚至可以出现静风区（图 6-1）。

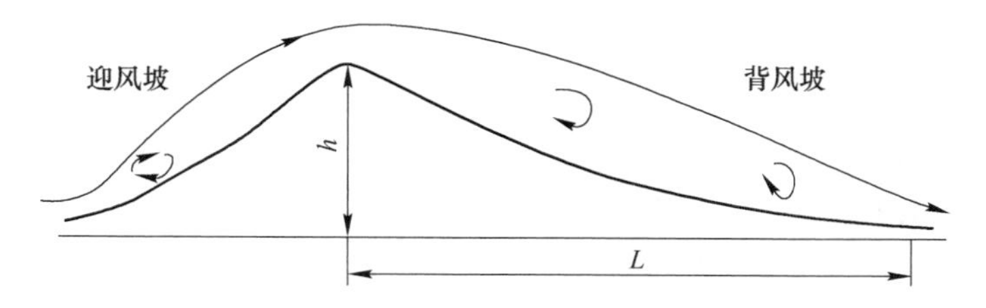

图 6-1 气流经过山岗时的流线剖面图

由于地形的动力作用，在同一大气系统下，不同地形部位的风速差别很大。山区气象台站有限，不可能在所有地点都进行气象观测，但人们又常常需要了解各种具体地形条件下风速分布的实际状况。为了解决这个问题，最常用的方法是依靠野外观测和风洞试验。傅抱璞等在南京方山的一个基本对称的馒头形小山上观测了离地面 2m 高度处的风速分布情况，结果表明在孤立小山上地面附近的风速分布是山顶最大，与风向垂直的两侧山腰次之，背风坡底部最小。前苏联学者根据气象台观测资料和一些专门的野外考察资料，分类统计了各种地形条件下不同位置的风速与开旷平地风速的关系（表 6-2）。借助这种关系可以推断没有观测资料地区不同地段上平均风速的分布情况[60]。

表 6-2　各种地形条件下不同部位 2m 高度的风速与开旷平坦地风速的比值

地　形	开旷平地的风速/m · s^{-1}			
	3~5		≥6	
	稳定层结	不稳定层结	稳定层结	不稳定层结
开旷平坦地形	1	1	1	1
山地丘陵起伏地形				
1. 山顶				
Δh>50m	1.4~1.5	1.6~1.8	1.2~1.3	1.4~1.5
Δh<50m	1.3~1.4	1.6~1.7	1.1~1.2	1.3~1.4
2. 坡度 3°~10°的向风坡				
山坡上部	1.2~1.3	1.4~1.6	1.1~1.2	1.3~1.5
山坡中部	1.0~1.1	1.0~1.1	1.0~1.1	1.1~1.2
山坡下部	1.0	0.8~0.9	0.9~1.0	1.0
3. 坡度 3°~10°与风平行的坡地				
山坡上部	1.1~1.2	1.3~1.4	1.0~1.1	1.2~1.3
山坡中部	0.9~1.0	1.0~1.1	0.8~0.9	0.9~1.0
山坡下部	0.8~0.9	0.9~1.0	0.7~0.8	0.8~0.9
4. 坡度 3°~10°的背风坡				
山坡上部	0.8~0.9	0.8~0.9	0.7~0.8	0.7~0.8
山坡中部	0.8~0.9	0.9~1.0	0.8~0.9	0.9~1.0
山坡下部	0.7~0.8	0.8~0.9	0.7~0.8	0.8~0.9

6.2　风速模拟的思路与方法

6.2.1　预设条件

研究区实际地形变化复杂，在对风速的模拟的过程中又存在众多的不确定性因素。考虑到利用 GIS 技术对这一问题进行研究的可操作性，在风速模拟之前，提出如下预设条件，以简化问题的复杂性：

（1）不同坡向上的风速差异是由于大尺度背景风在局部地形动

力作用的影响下形成的。如图 6-2 所示，大尺度背景风有一个主导风向（或称作盛行风向），在大尺度背景风的作用下，由于局部地形的作用，出现迎风坡、背风坡以及与风向近乎垂直的顺风坡 3 种不同坡向上的风速分异。

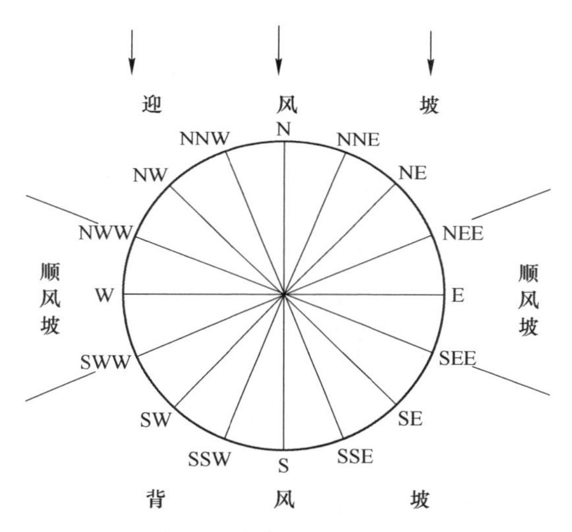

图 6-2 主导风向作用下坡向的划分情况

（2）摩擦层内大尺度背景风的风速随地方海拔高度的抬升而增大，不同高度上风速的换算依照幂指数模式。

（3）小于 3°的地区视作开旷平坦地，没有坡向分异；大于 3°的山丘有坡向分异，按照与主风向的夹角分为 4 个坡向：迎风坡、背风坡以及与风向大致平行的两侧岗坡。山地丘陵起伏地形条件下不同坡向、坡位上的风速与开旷平坦地的比值依据表 6-2 中的关系确定。

（4）本研究探讨的是大尺度背景风控制下，由于海拔高度和局部地区的坡度、坡向、坡位等地形条件的差异而导致的风速变化，不讨论山谷风、地形狭管效应等对近地面风速的影响。

6.2.2 技术流程与算法设计

本书所探讨的复杂地形上的风速模拟，主要面向地学分析和评价研究，有别于专门针对天气问题的气象模拟模式。模拟的整个过程在

GIS 技术的支持下完成，采用的技术流程见图 6-3。

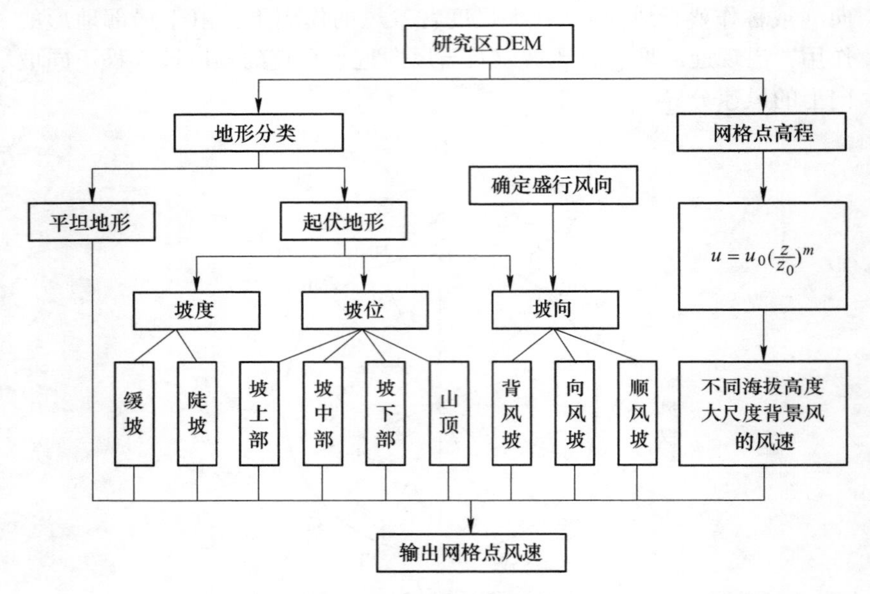

图 6-3 基于 DEM 的风速模拟技术流程图

利用窗口分析法，首先计算 11×11 窗口内最高点与最低点的高差，作为中心格点的相对起伏度，然后逐步移动窗口的位置，就可以计算出每个格网的相对起伏度。参考地貌分类标准，按相对起伏度将研究区分为平坦地形和起伏地形两大类：平坦地形对应于地貌分类中相对起伏度小于 50m 的平原区，起伏地形对应于山地丘陵区。对于平坦地形，按幂指数公式进行风随高度的换算，直接得到平坦地形网格点的风速；对于起伏地形，以中心格点所在窗口内的最低点高程为该窗口内开旷平坦地的高度，利用气象站点资料进行风速换算。求得该窗口内开旷平坦地的风速以后，再根据中心格点的坡度、坡向和坡位条件，依据表 6-2 中的关系对中心格点的风速进行订正。

上述过程中，坡度、坡向可以在 Arcview 或 ArcGIS 中输入 DEM 直接计算得到。关于坡位的求算，目前尚没有成熟的算法，此处提出了采用窗口移动法求算坡位的思路。如图 6-4 所示，该方法使用一个 2km×2km 的方形窗口在 DEM 数据上滑动，窗口内的高程值按等间隔划分，由下而上分为坡下部、坡中部、坡上部和坡顶4个坡位，通过比较窗口中心格点与其他格点的高程，确定窗口内中心格点的坡位类型。

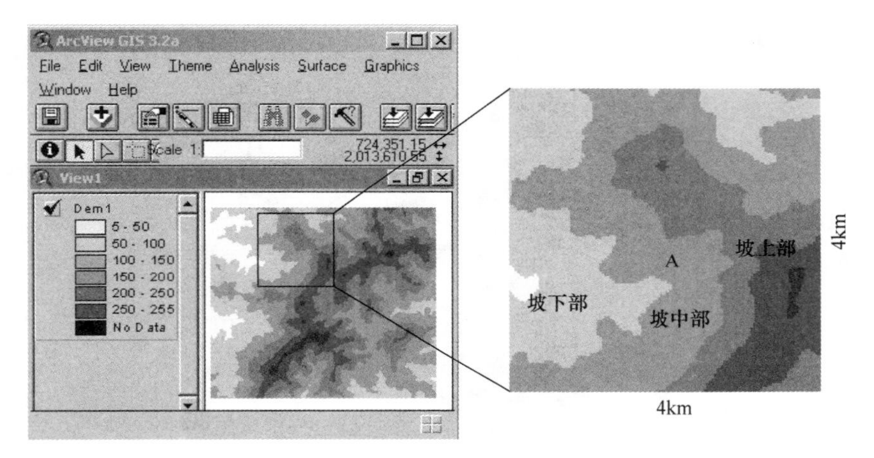

图6-4 窗口分析法示例

6.3 数据处理过程

由于山东省各气象台站的平均海拔为58m左右，利用沿袭已久的幂指数公式将各气象站点风速统一换算到58m平面上，采用克里金法对其风速进行插值，得到58m平面上的风速分布图层。将DEM数据与58m平面上风速分布图层按幂指数公式进行栅格运算，得到不同海拔高度上的风速空间分布。幂指数公式如下[18]：

$$u = u_1\left[\frac{z}{z_1}\right]^m$$

式中，u 和 u_1 为高度 z 和 z_1 处的风速值；m 为风速随高度变化指数，其取值按下垫面特征确定，一般在1/2～1/8之间。

利用条件语句进行判断，如为平原地区平坦地形，则直接为该栅格的风速值；如为山地丘陵地区起伏地形，则运用窗口分析法按坡度、坡向和坡位的组合关系，依据表6-2对风速进行订正。

6.4　风速模拟结果

风速模拟的结果如图 6-5 所示。山东省各季节风速的最大值都出

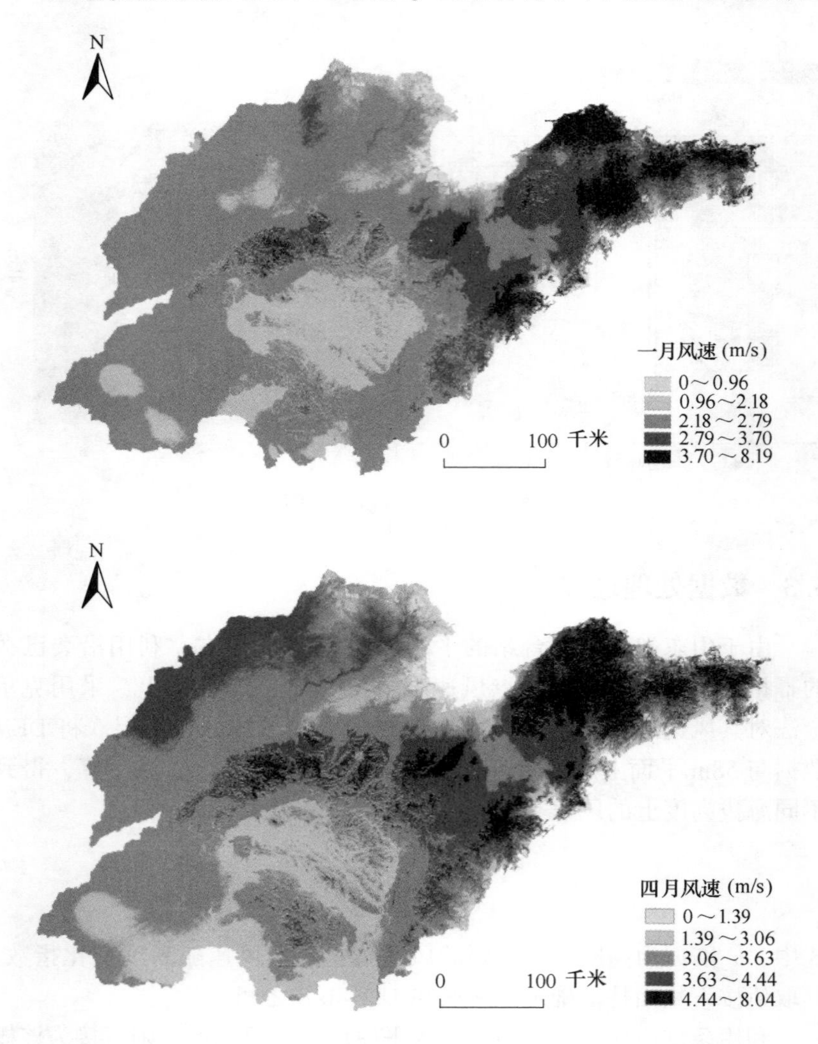

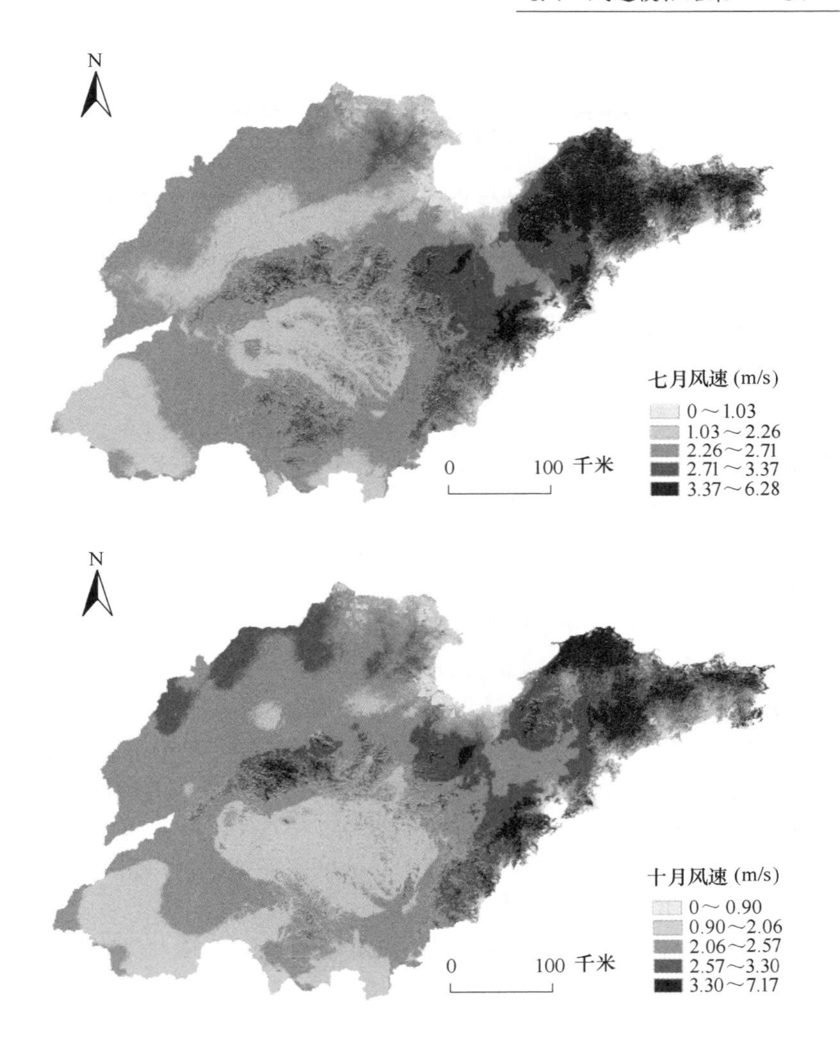

图 6-5 山东省代表月份风速空间分布图

现在半岛丘陵地区和鲁中山区，最小值出现在鲁西和鲁中山区以南地区。最大值出现在 1 月，为 8.19m/s；夏季也就是 7 月的风速值最小。通过局部地区来看，风速在迎风坡和背风坡、山顶和山麓以及坡上与坡下等不同部位的差异，体现出了风速随地形变化的特点。

第 7 章

基于 DEM 的降水空间分布模拟

7.1 降水模拟的技术流程

水分条件同热量条件一样，是重要的气候资源，对农业影响尤为显著。降水的空间分布状况，很大程度上决定着作物的分布，影响着作物的生长状况。在一些降水年际变化大、空间分布不均的地区，降水的空间分布状况直接影响着当地防洪减灾工作的开展。研究降水的空间分布状况、变化特征，对于水资源的合理开发和利用、区域的防洪减灾工作及其农业区划具有重要的意义。

对于降水的空间分布模拟，国内外许多学者相继提出了相关的计算方法和模型。这些方法归纳起来主要有统计模型法、空间插值法和综合方法。从理论和大量的计算结果看，综合法是研究降水因子空间变化的相对理想算法[36,37]。不同的地形特征对降水的分布格局有不同的影响，数字地面模型载有丰富的地理信息，为降水的空间分布研究提供了基础数据。近些年来，GIS 技术的发展使得降水等气候要素的空间分布研究有了新的平台。基于 GIS 的空间插值可以进一步减少误差，提高插值的精度[38~46]。

采用综合法，首先，以山东省 DEM 数据和气象站点降水统计数据为基础，利用 DEM 数据得到研究区经度、纬度、海拔高度等要素，使用 SPSS 软件进行多元逐步回归分析，得到年平均降水量的统计模型，将 DEM 数据及其派生的经度、纬度栅格数据代入统计模型，利用 ArcGIS 软件进行栅格运算，求得每一栅格的降水值；然后，将参与内插气象站点的实测值减去统计模型所得的模拟值所得的差，进行克里金插值，得到降水量残差值；最后，将统计模型和残差的空间分布栅格数据进行代数运算，得到实际地形下的山东省年平均降水空间分布结果。技术流程如图 7-1 所示。

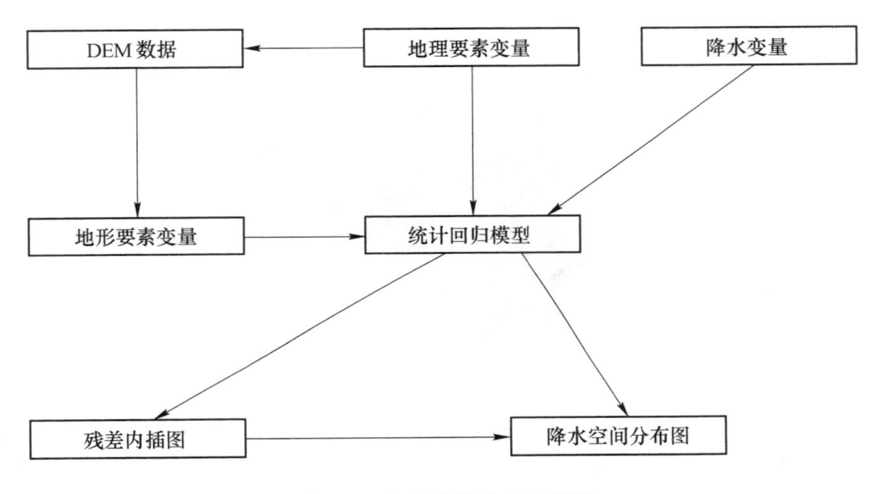

图 7-1 降水模拟技术流程图

7.2 降水量统计回归模型

影响降水的因素很多，选择经纬度、海拔高度等地形因子为影响因子进行回归分析，得到山东省年平均降水的统计回归模型如下：

$$R = 30.541 \times L_O - 78.927 \times L_A + 0.32 \times h - 102.393$$

$$r = 0.910,\ ar^2 = 0.828,\ sig < 0.01$$

式中，R 为年平均降水量；L_A 为纬度；L_O 为经度；h 为海拔高度；r 为复相关系数，表示自变量和应变量联系的密切程度，r 越接近 1，表明自变量和应变量联系越密切；ar^2（adjusted r^2）表示回归方程的拟合程度，ar^2越接近 1，表明回归方程的拟合效果越好；sig 值用于回归方程的显著性检验。

在上述回归统计模型的基础上，结合由 DEM 提取的经度、纬度栅格数据，利用 ArcGIS 软件进行栅格数据的数学运算，得到山东省年平均降水量的栅格式空间分布数据（图 7-2）。

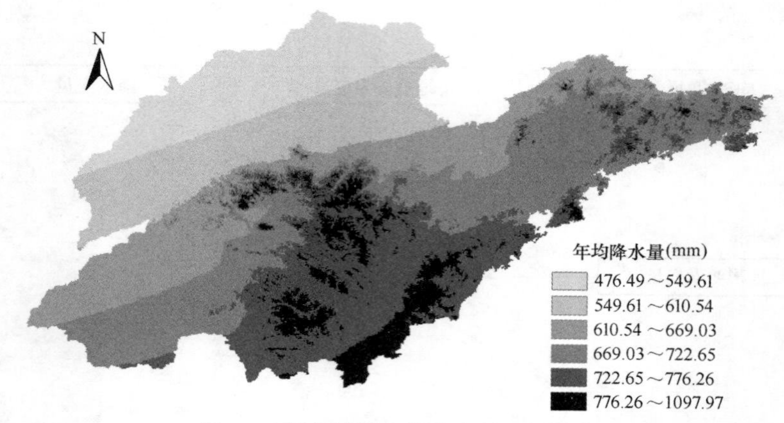

图 7-2　回归模型年均降水量空间分布

7.3　降水量残差图

利用气象站点降水的实测值减去回归模型的模拟值，计算出山东省各内插站点年平均降水量残差值。在 ArcGIS 软件地统计模块的基础上，分析年平均降水量残差的半方差随距离的变化情况得知，在一定的距离范围内，降水量残差的半方差与距离是成正相关关系的，表明降水量残差具有一定的空间相关性。使用普通克里金方法得到年均降水的残差的空间分布图（图 7-3）。

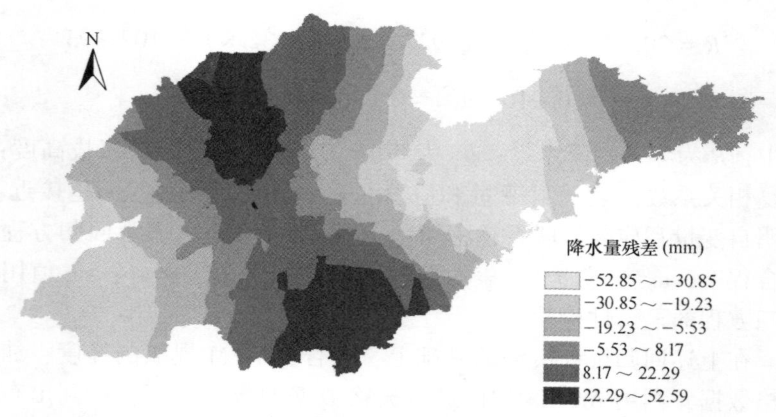

图 7-3　年均降水量残差空间分布

7.4 模拟结果及验证

7.4.1 模拟结果及分析

利用 ArcGIS 软件进行栅格数据代数运算，将回归分析模型所得的年平均降水量栅格数据与降水量残差数据进行叠加，可以得到山东省年平均降水的空间分布（图 7-4）。

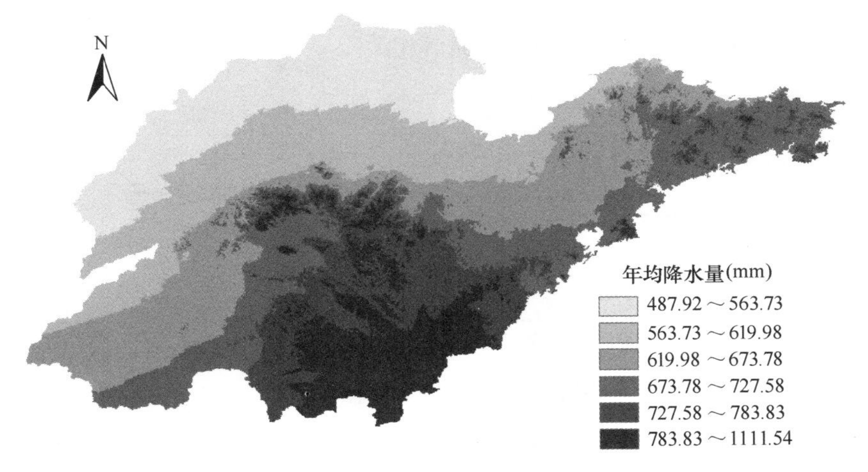

图 7-4 山东省年平均降水量空间分布

由图 7-4 可以看出：山东省年平均降水量的空间分布与地形关系非常密切，山东降水的特点总结起来有以下四点：

（1）降水条带状分布，东南方向降水多于西北方向。由于全省跨越经纬度较大，降水量自南向北递减的纬度地带性和自东向西递减的经度地带性，决定了全省降水量的地区分布具有自东南部向西北部递减的总趋势。

（2）半岛地区降水多于同纬度内陆地区。山东省东临海洋，西接大陆，水平地形分为半岛和内陆两部分，东部的山东半岛突出于黄海、渤海之间，由于海陆热力性质的差异，山东半岛地区气候带有海洋性特征，降水多于同纬度内陆地区。

（3）地形起伏较大的丘陵低山地区降水量与海拔高度较低的平

原地区降水量有明显的不同。中部和半岛丘陵区的降水明显多于平原地区。

(4) 年平均降水量空间分布受海拔高度的影响较大。

7.4.2 模型验证

为验证模拟结果的准确性，用未参与插值的30个气象站的降水数据进行验证，得到实测值与模拟值的折线图和相关关系。年平均降水量的实测值和模拟值的折线图见图7-5。年平均降水量的 R^2 为0.976，可知模拟值和实测值呈显著相关。

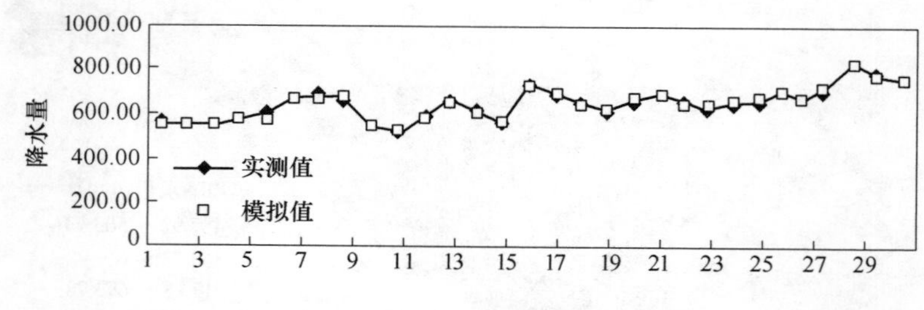

图7-5 年平均降水检验效果图

为了进一步的检验模拟效果，除了相关性检验外，本书还采用了绝对误差对插值模型进行检验。年平均降水量的绝对误差见表7-1。年均降水量的绝对误差在0~48mm之间，平均值<10mm，由此可知，对于山东省降水的空间模拟具有较高的精度。

表7-1 年均降水量的绝对误差

项目	最小值	最大值	平均值
年均	0.11	47.45	9.84

GIS技术的发展为复杂地形条件下气候要素的空间定量化研究提供了好的解决途径。充分考虑到研究区域的地理位置和地形条件的影响，采用综合法，以GIS技术为支撑，选取经度、纬度、海拔高度为影响因子，以研究区DEM和气象站点降水资料为数据源，叠合回归

模型所得到的年平均降水量和残差的栅格式空间数据，最终得到了具有较高精度的山东省降水的空间分布结果。影响降水的因素有多种，各个因子之间相互作用、相互影响，如何结合更多丰富的气象数据建立合适的空间模型，有待于进一步研究。

第 8 章

山东省气候舒适度研究

8.1 研究背景

根据吴良镛院士所著的《人居环境科学导论》[47]的观点，人居环境评价需要考虑的指标内容非常广泛，涉及政治、社会、文化、技术等各个方面。而在这些要素中，气候因素是最为活跃的因子，也是最基础的因子之一。一个城市（地区）只要气候不适宜人类居住，无论其他人居环境指标如何完美，也不是适宜居住的城市（地区）。可以说，气候的舒适程度决定着人居环境的舒适与否，也是人们评价城市（地区）宜居性的重要标准之一。

人类和一切生物赖以生存的环境中，大气环境最为重要，人类的健康受天气、气候的影响极大。人们迫切需要了解同自己日常生活有密切关系的环境，以及影响环境条件的气候因素的变化情况，以采取各种对策和措施来保护环境和人类自己。因此，气候舒适度研究具有重要意义。

8.2 气候舒适度研究进展

国外关于舒适度的研究可划分为两个阶段：前期研究的重点多是用一些定性的描述或采用经验公式进行定量讨论；后期舒适度的研究进入定量阶段，主要从人体热量平衡角度研究人体对冷热感受的具体程度，主要有 Thorn 提出的不舒适指数，美国国家气象局利用温湿指数用于夏季舒适度预报工作，Terjung 提出舒适度指数、风效指数[48]等。

国内有关舒适度的研究起步较晚，直到 20 世纪 80 年代，还只是一些定性的描述，从 90 年代开始有了较快的发展。主要有气候宜人度评价模型、体感温度模型、气象舒适度指数等计算公式。陆鼎煌利用环境卫生学方法的有关资料，全面考虑气温、相对湿度、风速3个因素对人体舒适的影响，提出综合舒适度指标[49]。陆鼎煌[50]、王胜利[51]用气象站气象要素，分析气候舒适度空间分布差异及多年变化特征，利用GIS技术和DEM数据分别对河南省和安徽省气候舒适度进行区划评价。目前，气候舒适度模型中所使用的气候因子多为气象站观测数据，在空间上缺乏连续性，或者只是经过简单的空间内插直接代入模型计算，得到的结果不够精确，不能反映实际地形下的气候舒适度时空分布模拟特征。

综上所述，将气候因子空间分布模拟的最新成果应用到气候舒适度研究或者是将两者有机结合的研究和论述非常少见。以此为突破口，本章基于山东省1：5万数字高程模型（DEM）数据和全省气象站的气象数据（气温、降水、相对湿度、风速等），运用地理信息系统空间分析技术对气象数据进行空间插值，通过DEM数据进行订正，得到实际地形下气候因子的时空分布格局；将气候因子时空分布代入适合山东省实际的气候舒适度模型中，进行栅格数据代数运算，获得山东省气候舒适度时空分布特征，进而对全省主要城市进行气候宜居性评价。

8.3 研究内容与方法

山东省气候舒适度模型选用陆鼎煌提出的综合舒适度指标，综合评价气温、相对湿度、风速3个因素对人体舒适程度的作用。其计算公式为[49]：

$$S = 0.6\,|T - 24| + 0.07\,|RH - 70| + 0.5\,|v - 2|$$

式中，S为综合舒适度指标，表示实际的舒适状态偏离最佳舒适状态的程度，所计算出的值越大，表明该地区越不舒适；T为气温，℃；RH为相对湿度，%；v为风速，m/s。

气候舒适度的评价标准大致分为4个级别，如表8-1所示。

表8-1 综合舒适度指标等级

综合舒适度指数	$S\leq4.5$	$4.5<S\leq6.95$	$6.95<S\leq9.00$	$9.00<S$
人体感觉	舒适	较舒适	不舒适	极不舒适

研究步骤与技术路线（见图8-1）为：

（1）利用GIS的空间分析功能，对全省气象站气象数据进行空间插值，得到气温、降水、湿度、风速等气候因子的时空分布格局。

（2）利用山东省数字高程模型（DEM）生成坡度、坡向、坡位、地形遮蔽信息等各种地形因子。

（3）利用DEM生成的地形因子以及气象站点的经度、纬度、海拔高度、离海距离远近、天文辐射等相关因素对内插得到的各气候因子进行订正，得到实际地形下的气温、降水、湿度、风速等的时空分布格局。

（4）将实际地形下的气候因子时空分布结果代入最优气候舒适度模型，进行栅格代数运算，得到气候舒适度时空分布结果。

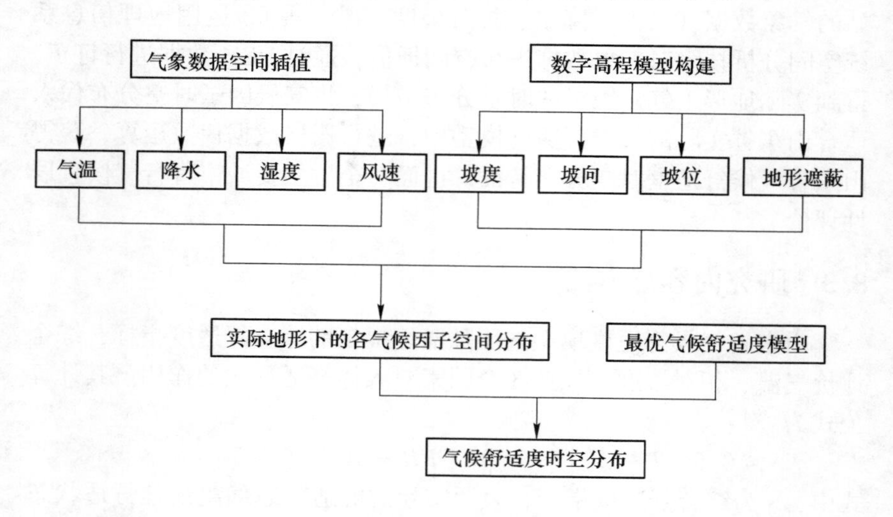

图8-1　技术路线

8.4　气候舒适度模拟

利用ArcGIS软件，将一月、四月、七月和十月气温、相对湿度和风速的模拟结果栅格数据（第4章~第7章模拟结果）代入舒适度模型进行栅格计算，得到山东省气候舒适度时空分布特征，如图8-2所示。

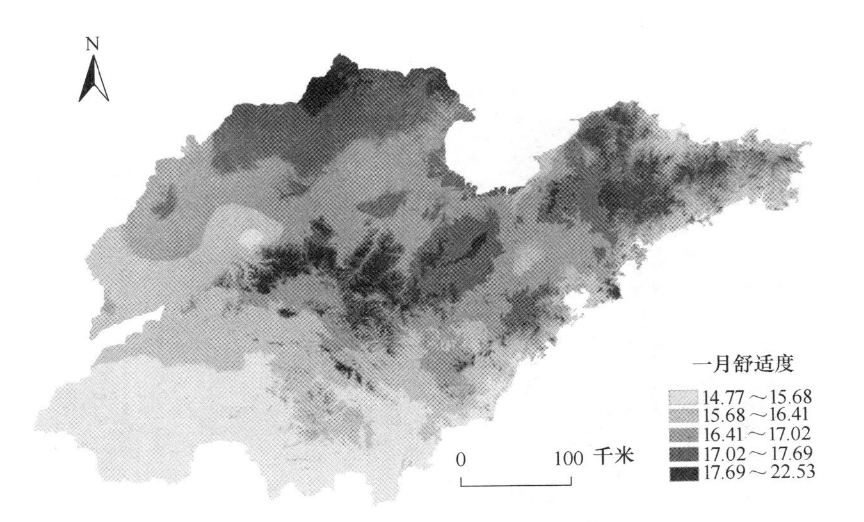
N
一月舒适度
14.77～15.68
15.68～16.41
16.41～17.02
17.02～17.69
17.69～22.53
0
100 千米

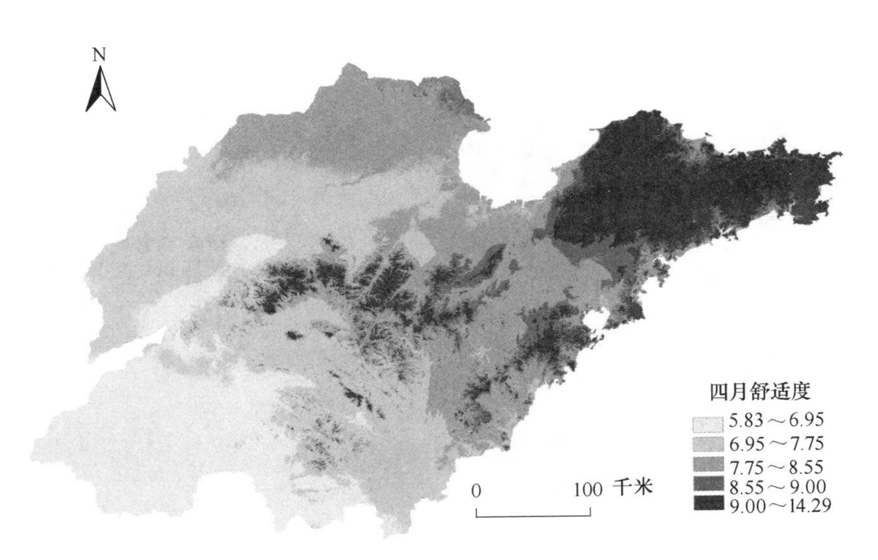
N
四月舒适度
5.83～6.95
6.95～7.75
7.75～8.55
8.55～9.00
9.00～14.29
0
100 千米

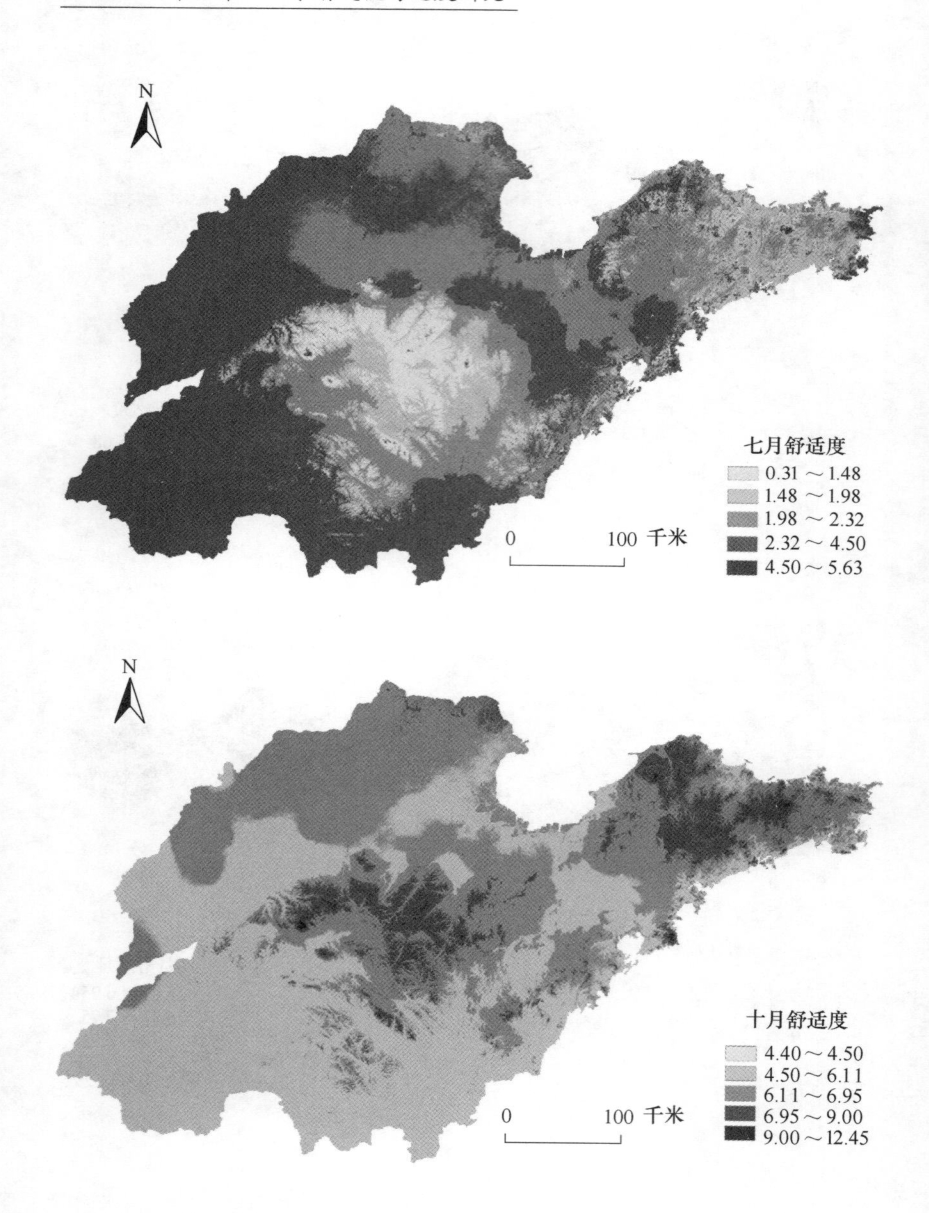

图 8-2　山东省代表月份舒适度空间分布图

根据表 8-1 和图 8-2 可知，山东省 1 月的气候舒适度指数都大于 9，也就是极不舒适，这是由于一月份山东省的温度和湿度较低、风速较大的原因，其中最不舒适的地区分布在鲁中山区、半岛丘陵地区和鲁北地区。4 月的舒适度指数在 5.83~14.29 之间，较舒适（5.83~6.95）的地区大都分布在鲁西南地区，极不舒适地区主要为鲁中山区和半岛地区，其余地区为不舒适（6.95~9）的地区，呈现出一定的经向分布特征。7 月的舒适度指数在 0.31~5.63 之间，鲁中山区和半岛地区舒适度最为舒适，鲁西地区为较舒适地区，全省都在舒适和较舒适范围内。10 月的舒适度指数为 4.40~12.45，鲁中和半岛地势较高地区为不舒适地区，其余均在舒适和较舒适范围。将经过 DEM 订正后的气温、湿度和风速栅格代入舒适度模型得到的结果，反映了实际地形下的山东省气候舒适度时空分布特征，由 10 月舒适度局部放大图（图 8-3）可知，栅格化后的舒适度分布与地形有着密切的关系，实现了舒适度的精细化表达。

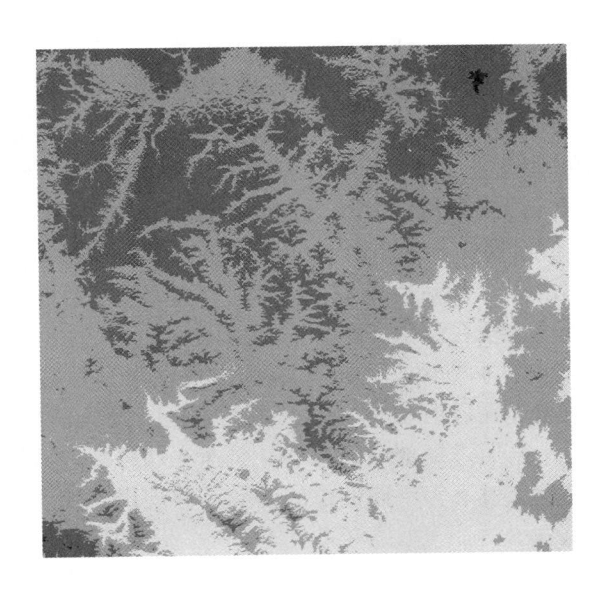

图 8-3 山东省 10 月舒适度空间分布局部放大图

8.5　结论与讨论

8.5.1　结论

本研究运用 GIS 方法，将气象站点观测数据进行内插并且使用 DEM 数据进行了订正，将得到的实际地形下气温、湿度和风速时空分布数据代入舒适度模型中进行栅格运算，实现了山东省气候舒适度的分布式模拟。模拟结果表明：

（1）鲁中山区四季都有一个温度的低值区。1 月温度为南部高，北部低，沿海地区高于内陆地区，总体上呈现纬向分布的趋势。4 月温度由东向西温度逐渐升高，总体上呈现经向分布的特点。7 月温度由东向西升高，呈现经向分布趋势。10 月鲁南和半岛的东南沿海地区是高值区，鲁北、鲁中山区的北部及半岛的内陆地区温度较低，总体上呈现出纬向分布的特点。

（2）山东省各季节相对湿度的最低值都出现在鲁中山区周围，并以此地区为中心呈现环状分布湿度逐渐升高。地形对 1 月湿度分布的影响尤为显著，其次为 10 月，4 月和 7 月相对湿度的分布受地形影响较小。1 月鲁中丘陵山地地区湿度最低，其次为鲁北和鲁南地区，半岛和鲁西地区湿度最高。4 月湿度总体呈沿海岸线分布的趋势，鲁中地区为湿度低值区，其余地区由东南向西北湿度逐渐降低。7 月湿度最低值出现在鲁中山区，高值分布在东部沿海地区，湿度总体分布呈现离海岸线越近湿度越高的特征。10 月湿度最高值出现在鲁西地区，低值出现在鲁中和半岛北部地区。

（3）山东省各季节风速的最大值都出现在半岛丘陵地区和鲁中山区，最小值出现在鲁西和鲁中山区以南地区。最大值出现在 1 月，夏季风速值最小。通过局部地区来看，风速在迎风坡和背风坡、山顶和山麓以及坡上与坡下等不同部位的差异，体现出了风速随地形变化的特点。

（4）山东省降水呈条带状分布，东南方向降水多于西北方向。降水量自南向北递减的纬度地带性和自东向西递减的经度地带性，决定了全省降水量的地区分布具有自东南部向西北部递减的总趋势。半岛地区降水多于同纬度内陆地区。地形起伏较大的丘陵低山地区，降水量与海拔高度较小的平原地区降水量有明显的不同。中部和半岛丘陵区的降水明显多于平原地区。年平均降水量空间分布受海拔影响较大。

(5) 山东省冬季气候舒适度为极不舒适；春季鲁西南地区较舒适，夏季鲁中山区和半岛地区舒适度最为高，鲁西地区为较舒适地区，全省都在舒适和较舒适范围内；秋季鲁中和半岛地势较高地区为不舒适地区，其余均在舒适和较舒适范围。栅格分辨率为 85 米，提高了舒适度时空分布模拟的精细程度，为人们的生活出行，政府及相关部门的决策，提供了基础数据和依据。

8.5.2 讨论

本研究利用气象站观测数据和研究区 DEM 数据对温度、湿度、风速和降水等气候因子进行了模拟，并得到了地形影响下各因子的时空分布栅格数据，但由于气候因子的时空分布受多种因素的影响，比如在风速模拟中由于预设条件对风速问题的简化，忽略了山谷风、地形狭管效应等对近地面风速的影响，必然带来一些偏差，对模拟的精度产生一定的影响。如何更为精确地对气候因子进行模拟，还有待于进一步的研究。

本研究选用的舒适度模型是陆鼎煌提出的综合舒适度指标，采用温度、湿度和风速三个指标构建模型来评价气候因素对人体舒适程度的影响，是否有更适合山东省实际的评价方法和指标体系，还有待进一步的研究和探讨。

第 9 章 日照市茶树种植适宜性评价

9.1 研究背景

山东省自1966年实施“南茶北移”以来，茶树种植推广经历了50多年漫长的过程，积累了大量的经验，取得了丰硕的成果。其中尤以日照市最为成功，在茶树种植面积和产量、质量方面有了很大的提高，取得了喜人的成绩，已经成为山东省茶树的优生地区。

但是，茶树本身是典型的热带、亚热带作物，优生区在南方。因此，茶树引入北方后，各种影响因素（尤其是气候因素）与南方相比产生了较大的变化。由于缺乏科学的指导，我省在茶树引种过程中，不少地方盲目种植，导致引种失败，造成了很大的经济损失。所以，利用DEM数据和GIS技术进行山东省茶树优生区气候因子的空间分布模拟是十分必要的，可以更好地指导山东茶叶生产的健康发展。

9.2 研究区概况

9.2.1 试验样区的确定

本研究以科学性、典型性、数据的可获取性与完整性以及实用性为原则，选择了在茶树引种过程中积累了丰富经验的山东省茶树优生区——日照市东部的东港区和岚山区（原日照县辖区）作为典型研究区，在1∶5万比例尺地图上，结合同比例尺的数字高程模型数据对太阳辐射、温度和风等气候因子的空间分布进行模拟。研究区相对位置见图9-1。

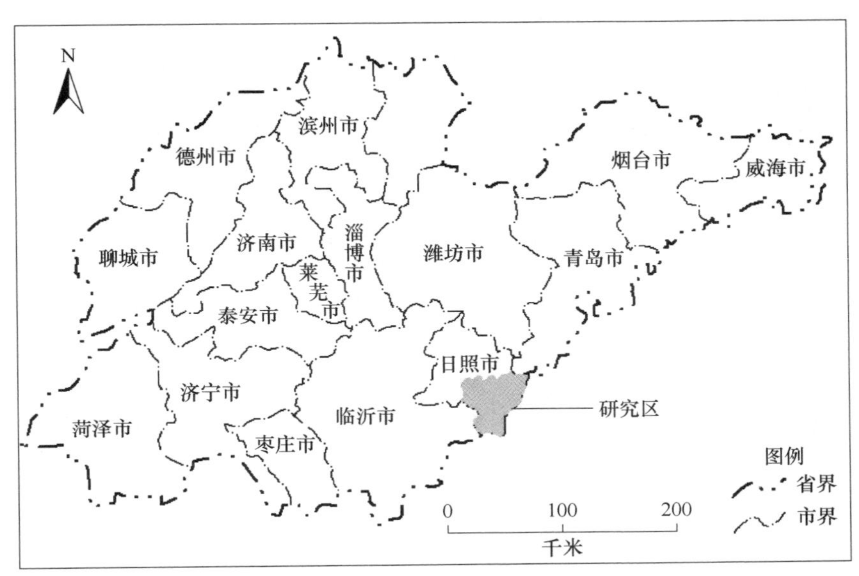

图 9-1 典型研究区在山东省的位置

9.2.2 试验样区选择的依据

9.2.2.1 茶园面积大，分布广，产量高，质量好

日照市自 1966 年“南茶北移”成功，现有茶园面积超过 15 万亩，占山东省的 50%以上，是山东省最大的绿茶生产基地，产量连续多年列全省第一，素称“北方第一茶”。全市先后有几十种茶叶获得市、省及国家级优质茶称号，有十几种茶获省优、部优和国际金奖。其中，“雪青”被定为山东省著名商标，其他的还有“河山青”牌、“浮来青”牌、“逢春”牌等。其中，日照绿茶公司生产的“河山青”牌碧绿茶在第 29 届布鲁塞尔国际博览会上获金奖，在第二届中国农业博览会上获银奖，被第三届中国农业博览会认定为国家级名牌产品，与历史名茶碧螺春齐名。

在日照市境内，茶叶无论是量还是质都以原日照县（现东港区和岚山区）为最，现有茶园 10 万亩以上，其中投产茶园 3 万亩，茶叶年产量达1800吨。拥有“河山青”、“碧绿茶”、“雪毫茶”、“凤眉茶”等系列为主的30多个品种，远销俄罗斯、欧盟等地。该区是南茶北移最成功的地区，在茶树栽培、管理、科研、试验、示范等方面积累了许多成功的经验。全区10万亩茶园已发展成为生态茶园，所产绿茶获绿色食品认证。

9.2.2.2 茶树引种历史长，积累了丰富的栽培管理经验

日照绿茶生产管理技术是日照的独创。为适应绿茶生产的需要，日照市已逐渐形成了一支茶叶技术科研队伍，相继攻克了10多项茶园优质丰产技术难关，完成了高效设施栽培的诸多科研项目。如今，日照市推广的扦插繁育、配方施肥、合理修剪等新技术，使茶园面积不仅在规模上迅速扩大，而且在茶叶品质上也有了显著提高。至今，日照名优茶已占茶叶总产量的60%以上，产值超过茶叶总产值的80%。

9.2.2.3 茶叶在农业生产中的比重比较高

茶业有利于农民增收。茶树种植的经济效益较高，同时，劳力投入也较多，特别是其中的鲜叶采摘环节。所以，发展茶叶生产有利于安置农村部分剩余劳动力，特别是妇女和老龄劳力，从而增加这部分人的收入。2003年，日照市东港区投产茶园面积5万亩，产量2800吨，产值3.16亿元，茶园平均亩产值达6320元，冬季大棚茶园面积2700亩，大棚茶叶产量68吨，产值2700余万元，亩均大棚茶收入万元以上。其中巨峰镇仅茶叶一项，全镇人均增收1500元。茶叶创收已经成为该区农村的支柱产业。

9.2.3 试验样区概况

研究区地处山东半岛南部，东经119°4′45″~119°39′55″，北纬35°12′1″~35°36′25″；东濒黄海，北邻胶南市、五莲县，西连莒县、莒南县，陆域面积1799平方千米。

研究区属鲁南丘陵区（图9-2），地势由西北向东南倾斜，西北多山，东南低洼多沿海平原，海拔656.9~1.3m。地貌类型多样，其

中山地占 9.2%，丘陵占 61.3%，平原占 21.4%，陆地水面占 5.6%，滩涂占 2.5%。海拔高程 200 米以上的区域主要分布在西部和西北部，海拔 600 米以上的有峤子山、甲子山、平垛山、河山等，峤子山主峰 656.9m。本区丘陵系沂蒙山系的东伸部分，大体走向为东北偏东向和北偏东向，与冬季风主风向垂直分布，因而产生了许多背风向阳的地形单元，为茶树种植提供了良好的空间。

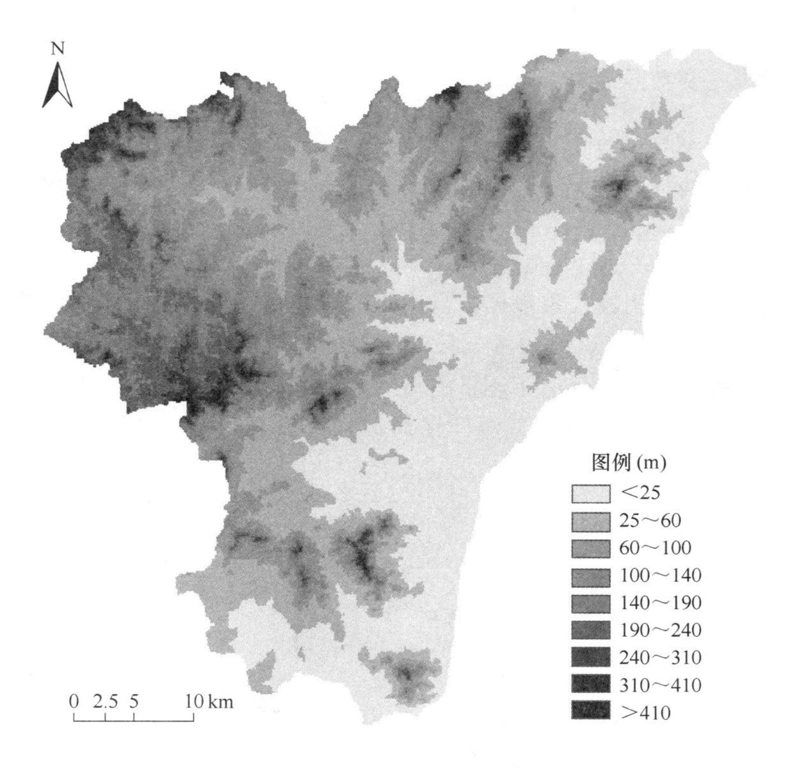

图 9-2 日照市数字高程模型（DEM）

受成土母质、地形、气候等因素的影响，本区形成棕壤（含潮棕壤、白浆化棕壤、棕壤黏土）、潮土（含滨海潮土、河潮土）、水稻土、盐化土、风化土五大类型。以棕壤为主，占总面积的 79.01%，肥力水平中等偏上，土壤有机质一般在 0.6% ~ 1% 左右，最高达 1.2%[6]。

研究区属于湿润暖温带季风气候区，年均温 13℃，无霜期 220 天以上，年降水 870mm，≥ 10℃活动积温 4260℃，年平均降水量 784.5mm，年平均相对湿度 72%，总体气候条件适合发展茶叶及其他农作物生产。

9.3 数据处理与技术流程

9.3.1 主要数据源

（1）数字高程模型

本研究所用的 1∶5 万 DEM 是以国家 1∶5 万地形图为信息源数字化得来的。

（2）气象数据

本研究所用的气象数据来自山东省气象局数据中心，包括山东省 6 个县市气象站点（图 9-3，表 9-1）30 年（1976～2005）逐月地面气象资料，以及部分历年逐日的气象资料。以上气象资料包括的要素为平均气温、极端最低气温、平均风速、日照时数、总云量和低云量等。

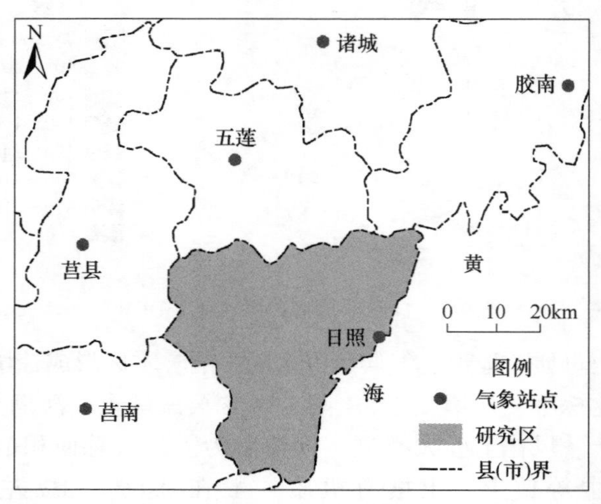

图 9-3 气象站点分布图

表 9-1 气象站点信息

序号	站名	经度/(°)	纬度/(°)	高度/m
54848	诸城	119.42	35.98	95.5
54936	莒县	118.83	35.58	108.6
54939	莒南	118.83	35.25	113.1
54940	五莲	119.20	35.75	154.2
54943	胶南	120.00	35.88	10.1
54945	日照	119.53	35.38	22.8

(3) 行政区划图

数据来源为 1∶5 万数字化日照（东港、岚山）行政区划图，用于典型区茶树种植适宜性评价。

(4) 茶园分布图

本文利用 2005 年 11 月日照（东港、岚山）spot5 影像，通过目视解译和实地调查获得典型区优生茶园的分布现状图。

(5) 土壤类型分布图

以日照市 1∶5 万的土壤图为底图，经过数字化及投影变换后，提取出土壤 pH 值空间分布图和土壤质地空间分布图，参与典型区茶树种植适宜性评价。

(6) 茶树生态数据

数据包括研究区茶树生长参数：茶树生长适宜的活动积温、年均温、最低月均温、极端低温、日照时数、年平均降水、冬季降水、相对湿度、冬季风速、坡度、坡向、土壤 PH 值、土壤质地等。数据主要来自《中国茶树栽培学》(上海，1982)，当地长期培育记录数据，野外实地调查记录数据，其他相关学术文献。

(7) 其他数据

统计数据包括山东及日照（东港、岚山）自然、社会、经济统计数据及资源调查数据。具体数据主要来源于《山东省山地丘陵区土壤》、《山东省统计年鉴》、《日照市统计年鉴》和山东省省情网站资料。

9.3.2 空间数据处理

本研究空间数据包括土壤图、气象要素专题图、数字高程模型和地形因子图等专题。

为了便于检索、查询和分析数据，本数据库的构建采用统一的坐标系和投影方式。所有空间数据均采用 krasovsky 椭球体和6度分带的等角横切椭圆柱投影，即高斯-克吕格投影（GAUSS-KRUGER）。中央经线为东经117°，统一空间度量单位为 m。

9.3.3 技术路线

以 DEM 为数据源，结合相关气象资料，对气候因子进行模拟。实验的技术路线如图9-4所示。

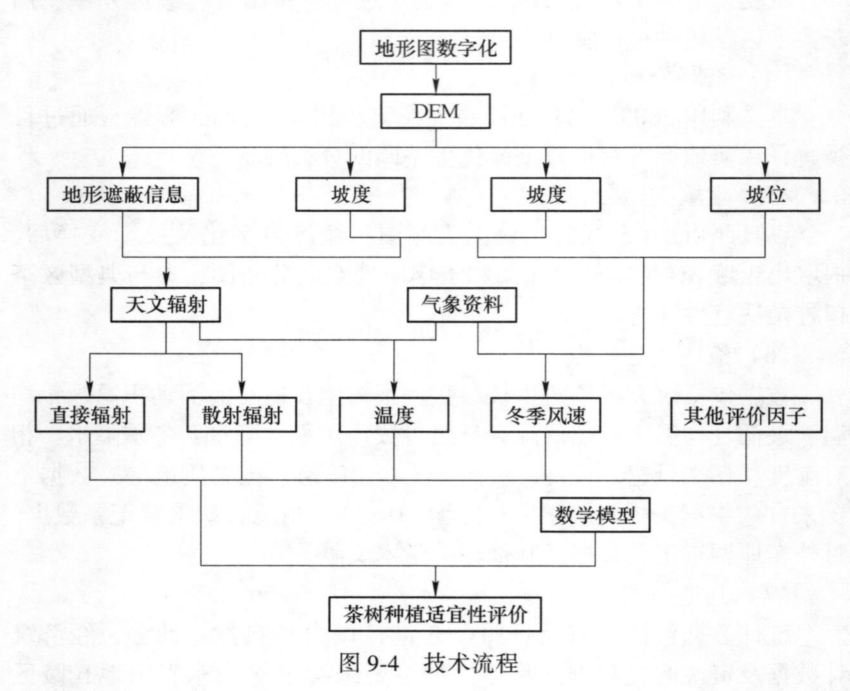

图9-4 技术流程

9.4 太阳辐射的模拟

9.4.1 研究进展

太阳辐射是地表热量的主要来源，是大气中一切物理现象、物理过程形成发展变化以及植物生长发育最基本的能量源泉。丘陵、山地区太阳辐射深受地表起伏形态的影响。海拔高度、坡度、坡向以及周围地形遮蔽的作用，造成山区各部位接受到的太阳辐射能量有很大的差异，继而影响温度、湿度、降水等气候条件，形成独特的山区小气候。因此，计算太阳辐射量在实际地形下的空间分布，有重要的意义。

国外考虑地形因素的太阳辐射模型的研究始于20世纪60年代。由于数字计算机的出现和传统太阳辐射分析方法的缺陷，气候气象学者的研究从基于物理的太阳辐射分析过程到太阳辐射模型的数学表达[52,53]。随着GIS的广泛应用，20世纪90年代以来，气象学者以及少数GIS专家都将目光集中于太阳辐射模型与GIS的结合。在这方面已经取得了一些进展。Dozier（1990）首先提出利用数字高程模型模拟太阳的方法，使模拟精度更高、空间性更强。并且与James一同提出了能显著减少大数据量运算时间的快速算法[54,55]。Dubayah（1990、1992）提出建立地理信息系统中的太阳辐射模型[56]。Kumar、Skidmore和Knowles于1997年也提出运用数字高程模型计算晴空条件下太阳直接辐射和散射辐射的模型，该模型可用于计算平原和山地的太阳辐射[52]。遥感工作者Gilabert[57]（1990），D. L.[58]（1993）在这方面探讨了任意地形条件下的辐照入射度模拟。Oscar Van Dam（2003）进行了太阳辐射模拟[59]，Javier G. Corripio（2003）针对太阳辐射建模在算法上进行了讨论[60]。

国内研究太阳辐射模型的主要是气象学者。南京大学的傅抱璞、南京气象学院的翁笃鸣、北京气象中心的李占清、中科院地理所的左大康等人在这方面做出了很大的贡献。对于任意地形条件下太阳辐射的开创性研究，是由傅抱璞[61]（1983）做出的。李占清、翁笃鸣（1988）、朱志辉[62~64]（1987）等发展了这一方法，并引入了实际山地中的散射辐射和总辐射的模拟，提出了一种计算山地总辐射日平均通量密度的计算机模式，不过它的试验基础是基于自行划分的格网数据。在总结前人研究的基础上，他们还对坡面的散射辐射和反射辐射做了仔细的研究，提出了一种通用性较强的坡面散射辐射通量密度的计算模式。其提出的丘陵山地总辐射适用于任何地区各种地形下的总辐射的数值模拟。李新[65]（1996）等首次利用数字高程模型进行太阳辐射的模拟，并在随后[66]（1999）进行了改进，取得了很好的模拟结果。陈华[67]（2002）利用DEM进行日照时数的模拟，将结果与气象站数据进行对比，证明具有很高的一致性。何洪林(2003)[68]等建立了太阳潜在总辐射计算模型；邱新法在博士论文中提出了起伏地形下太阳辐射资源空间的分布模型；曾燕（2003）、(2003)、(2005)[69~71]等对我国可照时间的空间分布以及黄河流域的天文辐射、直接辐射空间分布进行了模拟。但他们所用的DEM为大尺度上的研究服务，分辨率比较低，仍不能明显地体现太阳辐射在局地的再分配与小气候的差异性。杨昕[15]（2004）在硕士论文中对不同比例尺（1∶1万，1∶5万及1∶25万）DEM、不同地域（秦岭山区、黄土丘陵沟壑区）太阳辐射模拟结果的差异性进行了比较并分析了其应用适宜性问题。叶晗[72]（2004）等利用ARC/INFO AML开发出山地入射潜在太阳辐射模型，实现了对地面所获得太阳辐射量的数值模拟。

9.4.2 太阳直接辐射的模拟

9.4.2.1 技术流程

太阳直接辐射是入射到地球的太阳总辐射的重要分量，直接辐射实际上是天文辐射量减掉被大气吸收的部分而剩下的部分，天文辐射是直接辐射的基础。因此，要模拟直接辐射，首先需要计算太阳天文辐射。

太阳直接辐射模拟的技术流程为：

在起伏地形下，到达坡地的太阳直接辐射除受坡地本身坡向、坡度影响外，还受周围地形起伏所造成的地形遮蔽的影响。随着太阳在天空中运行轨迹的变化，地形之间的相互遮蔽影响也在不断的变化之中。因此，地形遮蔽信息的获得是天文辐射模拟的重点。本书将日出至日末时间离散化，以研究区1∶5万DEM为基础数据，分别求每一微分时段的地形遮蔽信息，从而得到此时段的天文辐射，最后累加求和，得到一天的天文辐射。图9-5为技术流程。

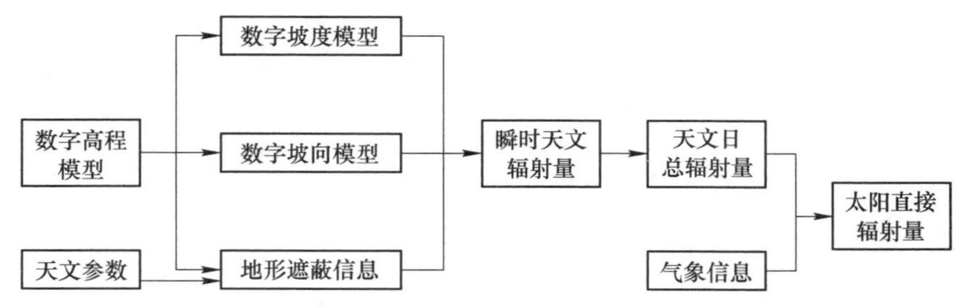

图 9-5 直接辐射模拟技术流程

9.4.2.2 太阳直接辐射模拟的参数和公式

（1）日地距离参数

$$E_0 = 1.000109 + 0.033494\cos\theta + 0.001472\sin\theta + 0.000768\cos2\theta + 0.000079\sin2\theta$$

式中，θ 为日角，即 $\theta = 2\pi t/365.2422$；$t=N-1$；N 为积日，即日期在年内的顺序号。

（2）天文辐射瞬时值模型

$$S_{0t} = I_0 \cdot E_0 \cdot (U\sin\delta + V\cos\delta\cos\omega + W\cos\delta\sin\omega)$$

$$U = \sin\varphi\cos\alpha - \cos\varphi\sin\alpha\cos\beta$$

$$V = \sin\varphi\sin\alpha\cos\beta + \cos\varphi\cos\alpha$$

$$W = \sin\alpha\sin\beta$$

式中，α 为坡度；β 为坡向；δ 为赤纬；ω 为时角；I_0 为太阳常数，1367W/m^2。

（3）天文日辐射量的模型

$$S_{0\alpha,\beta} = \frac{I_0 T E_0}{2\pi}\sum_{i=1}^{n}[u\sin\delta(\omega_{s,i} - \omega_{r,i}) + v\cos\delta(\sin\omega_{s,i} - \sin\omega_{r,i}) - \sin\alpha\sin\beta\cos\delta(\cos\omega_{s,i} - \cos\omega_{r,i})]$$

式中，T 为日长；n 为可照时角的离散数目，取经验值 $n=36$；$\omega_{r,i}$ 和 $\omega_{s,i}$ 为微分时段内的日出和日没时角。

（4）太阳直接辐射模型

$$S_{\alpha\beta} = S_{0\alpha,\beta}(as_1 + bs_1^2)$$

式中，$S_{0\alpha,\ \beta}$ 为天文辐射量；s_1 为日照百分率；a，b 为经验系数。

太阳直接辐射实际为天文辐射量与有关大气透明度的函数的乘积，它受大气透明度和云量的强烈影响。为了使模拟结果更具有气候意义，采用翁笃鸣的关于中国太阳直接辐射的气候模型。其研究表明，太阳直接辐射与天文辐射及日照百分率存在稳定的关系即上述模式，并给出了经验系数 a，b 的全国分布图，从图中可以查得本样区的 a，b 分别为 0.2、0.4。即

$$S_{\alpha\beta} = S_{0\alpha,\ \beta}(0.2s_1 + 0.4s_1^2)$$

9.4.2.3 太阳直接辐射模拟的步骤

（1）利用数字高程模型提取数字坡度模型和数字坡向模型。

利用 ArcView 地理信息系统软件，在栅格 DEM 上利用 3×3 移动窗口提取样区的数学坡度模型和数字坡向模型。

（2）确定从日出到日落时角的离散数目 N，确定时角间隔 $\Delta\omega$ 及相应的时间长度 Δt 。

根据李占清的研究，我们取时间步长为 20min，即离散数目 $N=36$。

$$\Delta\omega = \frac{\omega_s - \omega_r}{N}\Delta t = \Delta\omega/15$$

（3）令 $\omega_i = \omega_r + i\times\Delta\omega$（$i=1$，2，…，36），计算每一时角 ω_i 对应的太阳高度角 h_i 和太阳方位角 A_i

$$h_i = \arcsin(\sin\delta\sin\varphi + \cos\delta\cos\varphi\cos\omega_i)$$

$$A_i = \arccos[(\sin h_i\sin\varphi - \sin\delta)/\cos h_i\cos\varphi]$$

（4）（ω_{i-1}，ω_i）这一微分时段内的遮蔽信息的计算。

图 9-6 为地形遮蔽的示意图。我们知道，地形起伏较大的地区，其日照不仅受到山体自身的遮蔽，而且也受到周围山体的遮挡，如图中的 A 点，就是受到 B 点的遮挡而没有日照。

地形遮蔽的计算采用光线追踪算法，搜索入射路径上所有格网点，若某格网点高程 B 与计算格网点高程 A 之间的高度角 β 大于该入射路径上的太阳高度角 α，则这是一条可遮蔽路径，记 $d_i = 0$；否则 $d_i = 1$。我们采用 ARCINFO 提供的光照模拟的计算命令

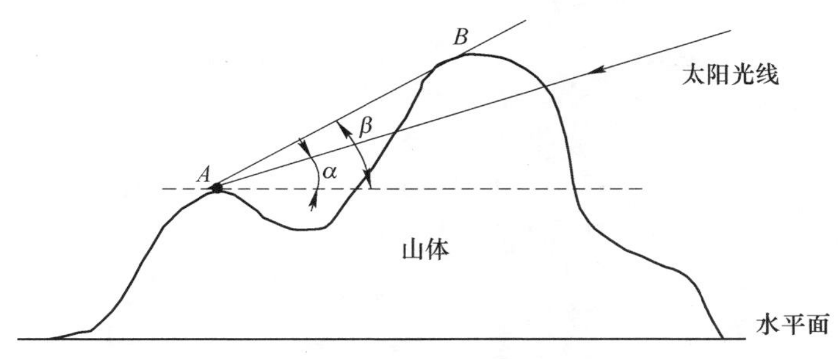

图 9-6 地形遮蔽示意图

HILLSHADE 并结合相应的参数得到地形遮蔽信息，这里要给出相应时刻的太阳高度角和太阳方位角等参数。

分别计算不同时刻的 d_i 值，判断每一微分时段内是否可照，地形遮蔽系数 g_i 的取值依据以下法则：

$$g_i = \begin{cases} 1 & d_i = d_{i-1} = 1 \\ 0 & d_i = d_{i-1} = 0 \\ 0.5 & d_{i-1} = 1 \text{ 且 } d_i = 0 \text{ 或者 } d_{i-1} = 0 \text{ 且 } d_i = 1 \end{cases}$$

上式表示在（ω_{i-1}，ω_i）时段内，研究点的日照状况完全取决于两端点时刻的日照状况。即若该二时刻可照（遮蔽），则整段可照（遮蔽）；若一时刻可照，另一时刻遮蔽，则整段有一半时间可照（遮蔽）。

（5）计算太阳天文辐射量：利用 GIS 的多层面复合分析方法，将以上各结果代入太阳辐射模型进行数值计算，并将各微分时段数值累加求和，得到模拟结果。

（6）太阳直接辐射的计算：将以上天文辐射计算结果代入公式

$$S_{\alpha\beta} = S_{0\alpha,\ \beta}(0.2s_1 + 0.4s_1^2)$$

得到模拟结果。s_1 为日照市的日照百分率。

9.4.2.4 模拟结果与分析

（1）天文日辐射量

天文日辐射量是大气外界从日出到日落太阳辐射的总值，是进行太阳直接辐射计算的基础。图 9-7 为日照市 1 月、4 月、7 月和 10 月

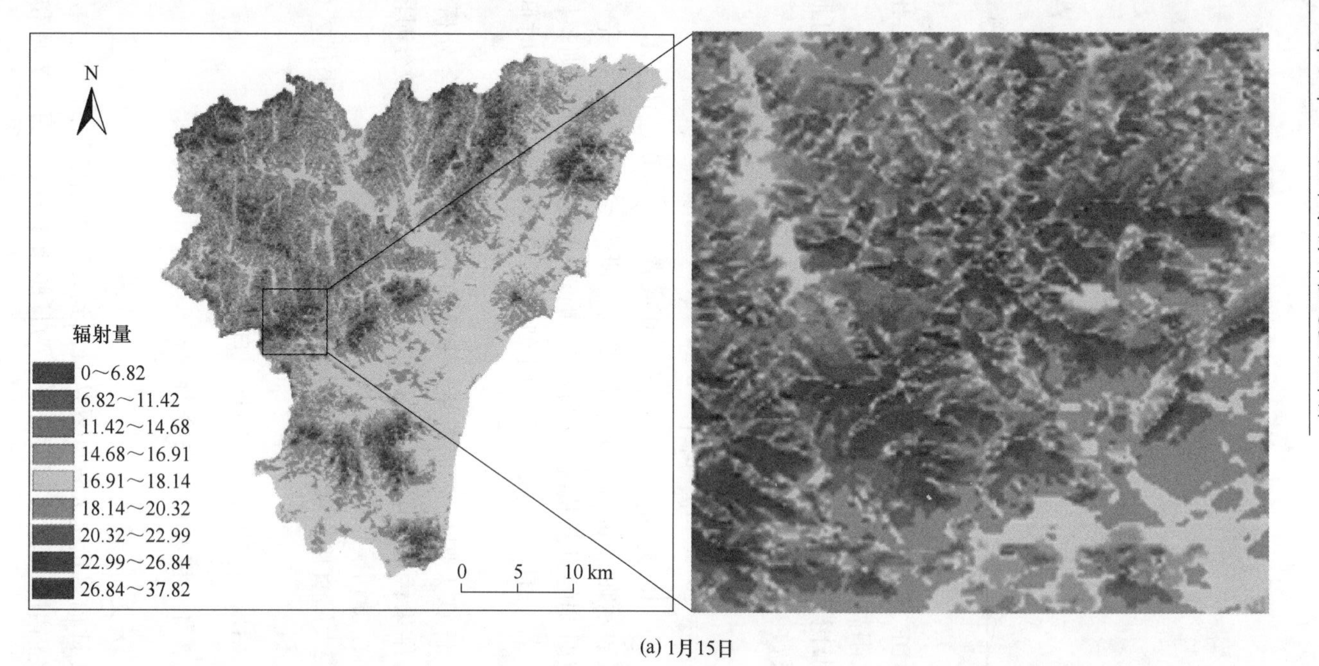
N
辐射量
0～6.82
6.82～11.42
11.42～14.68
14.68～16.91
16.91～18.14
18.14～20.32
20.32～22.99
22.99～26.84
26.84～37.82
0
5
10 km

(a) 1月15日

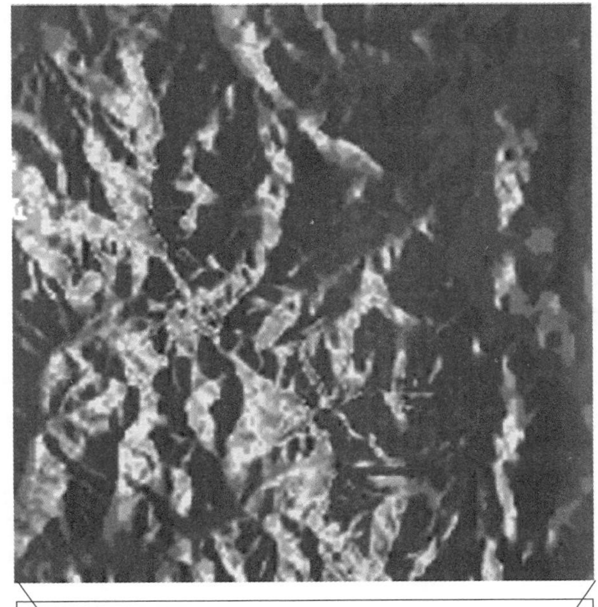

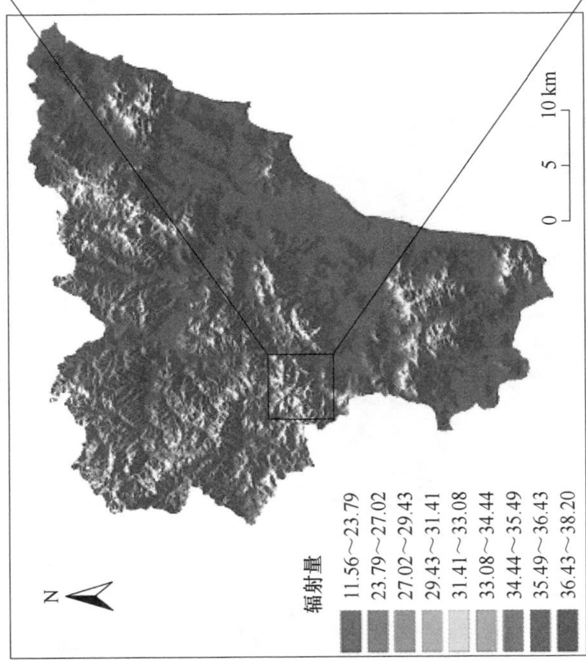
N
辐射量
11.56～23.79
23.79～27.02
27.02～29.43
29.43～31.41
31.41～33.08
33.08～34.44
34.44～35.49
35.49～36.43
36.43～38.20
0
5
10 km

(b) 4月15日

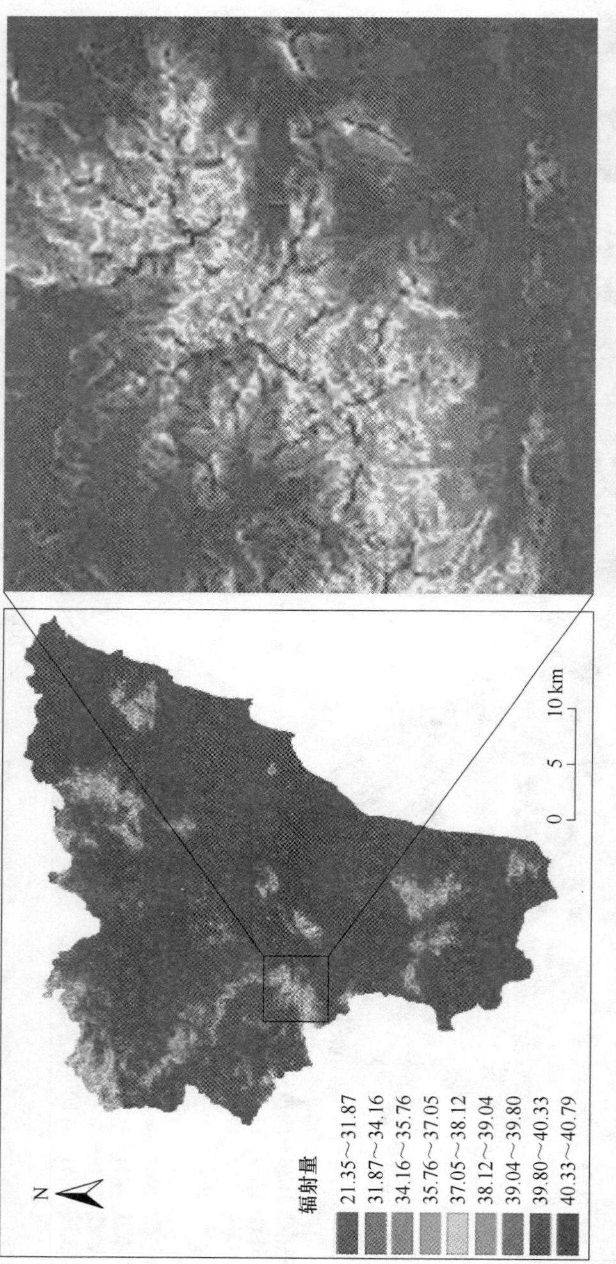
N
辐射量
21.35～31.87
31.87～34.16
34.16～35.76
35.76～37.05
37.05～38.12
38.12～39.04
39.04～39.80
39.80～40.33
40.33～40.79
0
5
10 km

(c) 7月15日

(d)10月15日

图9-7 1月、4月、7月、10月代表日（15日）的天文辐射图（单位 MJ/m^2）

的代表日（15 日）的天文辐射分布图（右边部分为天文辐射分布的局部放大图）。表 9-2 为各月 15 日的天文辐射量的统计表。

表 9-2 天文日辐射量统计表 （MJ/m^2）

类别	1 月 15 日	4 月 15 日	7 月 15 日	10 月 15 日
最小值	0	11.56	21.35	0
最大值	37.82	38.20	40.79	37.90
平均值	17.73	35.67	40.20	25.07

在图中，从冷色调的绿色（浅些）到暖色调的红色（深些），辐射量逐渐增大。从表 9-2 可知，整体上 7 月 15 日的辐射量最大，平均值为 40.20MJ/m^2；1 月 15 日最小，平均值为 17.73MJ/m^2；4 月 15 日和 10 月 15 日居中，平均值分别为 35.67MJ/m^2 和 25.07MJ/m^2。图 9-7（a）为 1 月 15 日的天文辐射总量，可以看出辐射量的分布具有明显的地形分布规律，主要表现在不同的坡向上，即天文日辐射量在南坡大、北坡小。图 9-7（b）为 4 月 15 日的天文辐射，图 9-7（d）为 10 月 15 日的天文辐射分布情况，从能量的地形分布规律来说，两者基本类似，地形分布规律也都比较明显，辐射量都是南坡大、北坡小，差异只是反映在数值上。4 月 15 日的辐射值主要集中在 35.49~36.13MJ/m^2 之间，而 10 月 15 日的主要集中在 24.82~26.15MJ/m^2 之间。图 9-7（c）为 7 月 15 日的天文辐射分布情况，7 月 15 日的辐射值最大，这正好反映了夏季白昼时间长，日出与日落方位角大，太阳高度角大，接受太阳辐射时间长，范围大的特点。7 月 15 日辐射能量的分布比较均匀，山脊的辐射量最大，且以山脊为中线向两侧均匀分布；山谷辐射量最小，区域中辐射量的最大差异为 19.44MJ/m^2，明显小于 1 月 15 日的辐射差（37.82MJ/m^2）。说明在夏季，影响区域辐射能量分布的地形因子逐渐减弱，坡向在这里已经不是主要因子。这是由于从春季到夏季太阳高度角逐渐增大，甚者大于部分地区的地形遮蔽角，表现为 4 月 15 日和 7 月 15 日的天文辐射的最小值都不为 0，而分别是 11.56MJ/m^2 和 21.35MJ/m^2。综上所述，地形因子的影响在冬季最强，秋季次之，然后是春季，而夏季最弱。

（2）太阳直接辐射量

太阳直接辐射的计算采用公式 $S_{\alpha\beta}=S_{0\alpha,\ \beta}(0.2s_1+0.4s_1^2)$，其中 $S_{0\alpha,\ \beta}$ 为天文辐射量，s_1 为日照百分率。日照市的多年平均日照百分率为56%，冬季（12，1，2）为59%，春季（3，4，5）为57%，夏季（6，7，8）为50%，秋季（9，10，11）为62%。由于资料有限，本文采用以上各日照百分率来计算日照市1、4、7、10四个月的代表日（15日）和年直接辐射。模拟结果如图9-8所示。

图9-8（a）~（d）分别为1月、4月、7月、10月15日的直接辐射分布图，从数值上看，太阳直接辐射量的值都比天文辐射量小很多。1月15日天文辐射量的平均值为17.73MJ/m²，而直接辐射的平均值为4.56MJ/m²；4月15日天文辐射量的平均值为35.67MJ/m²，而直接辐射的平均值为8.71MJ/m²；7月15日天文辐射量的平均值为40.20MJ/m²，而直接辐射的平均值为8.04MJ/m²；10月15日天文辐射量的平均值为25.07MJ/m²，而直接辐射的平均值为6.96MJ/m²。这是因为大气中的各种颗粒（气溶胶）及云对大气外界的太阳辐射吸收显著。因为直接辐射是天文辐射乘以一个系数而得到的，所以从直接辐射的地形分布规律来看，与天文辐射的分布规律完全一致，仅在数值上有差异。因直接辐射的地形分布规律与天文辐射完全一致，而天文辐射的地形分布规律前面已经讨论，在这里不再阐述。

图9-8（e）为年直接辐射分布及其局部放大图，从冷色调的绿色（浅）到暖色调的红色（深），辐射量逐渐增大，结合表9-3可知，年直接辐射量的最小值为746MJ/m²，最大值为3099MJ/m²。年直接辐射的分布呈现出明显的地形分布规律，表现为辐射量在南坡大、北坡小，且以东西向为界，阳坡普遍大于阴坡。

表9-3 直接辐射量统计表 （MJ/m²）

类别	1月15日	4月15日	7月15日	10月15日	年总量
最小值	0	2.82	4.27	0	746
最大值	9.73	9.32	8.16	10.53	3099
平均值	4.56	8.71	8.04	6.96	2578

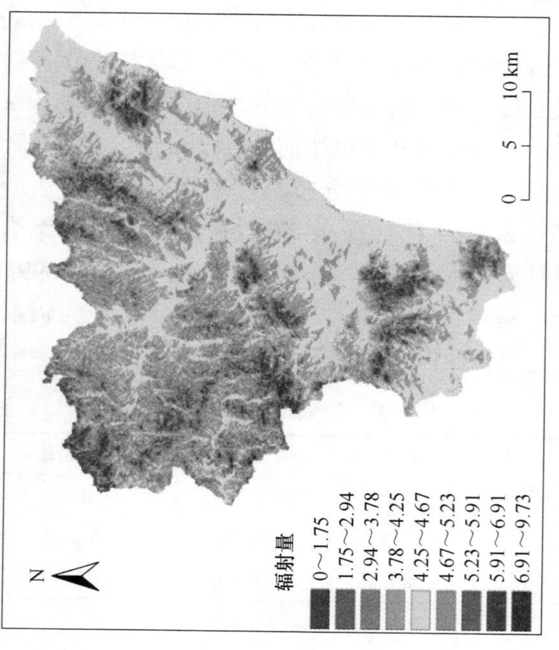

(a) 1月15日

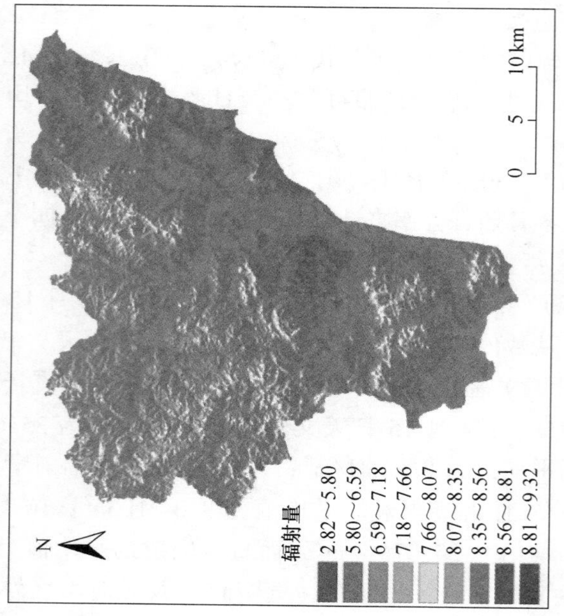

(b) 4月15日

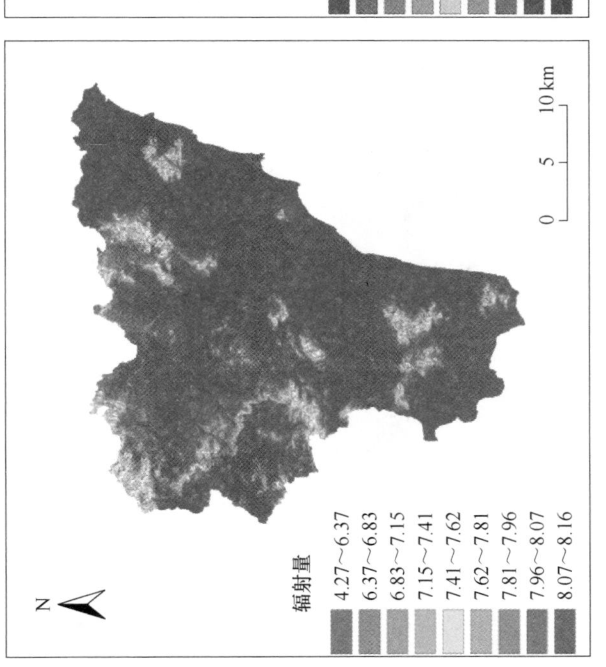

(c) 7月15日

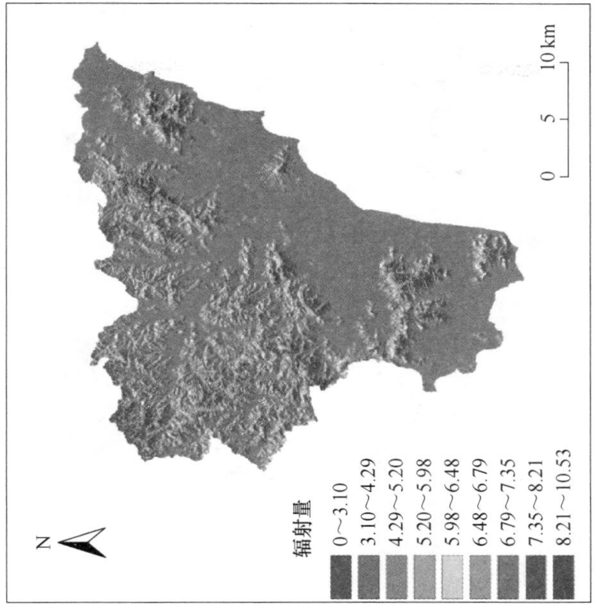

(d)10月15日

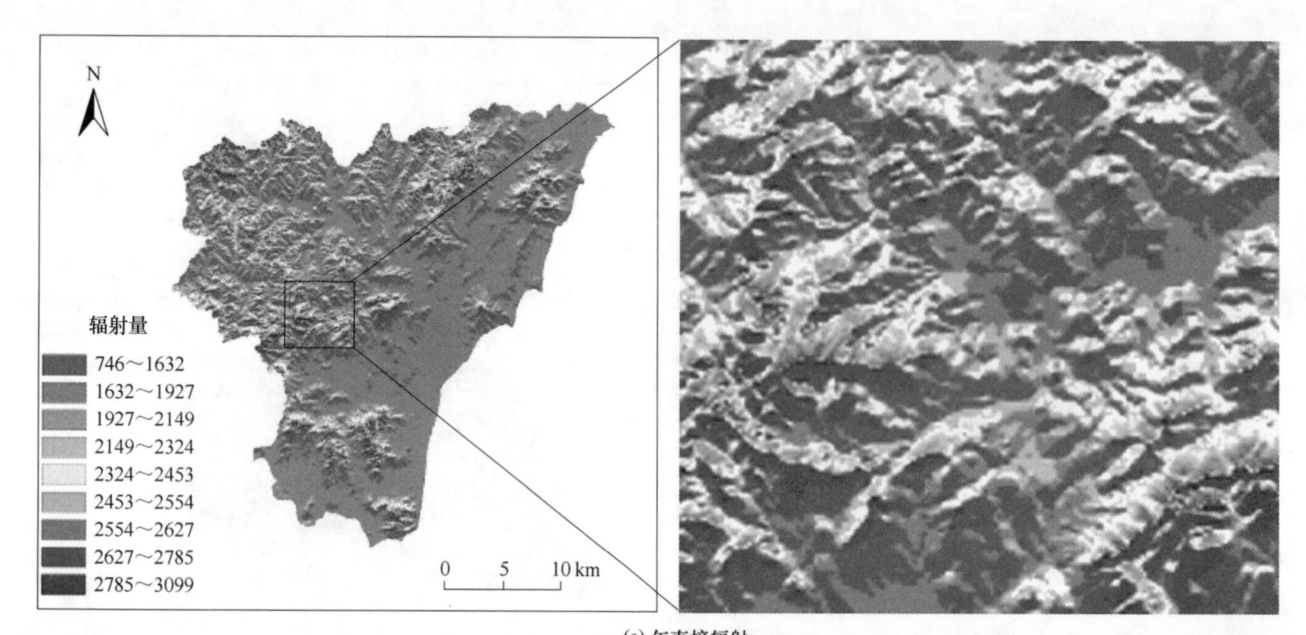

(e) 年直接辐射

图9-8 1月、4月、7月、10月代表日（15日）及年直接辐射图（单位 MJ/m^2）

9.4.3 山地散射辐射的模拟

9.4.3.1 技术流程和步骤

散射辐射是太阳总辐射的又一重要分量。在起伏地形下实际的散射辐射的计算比较复杂，这里既要考虑山坡本身和来自周围山地的地形遮蔽，还要考虑由周围山地反射而到达的山坡的一部分散射辐射。图 9-9 为技术流程。

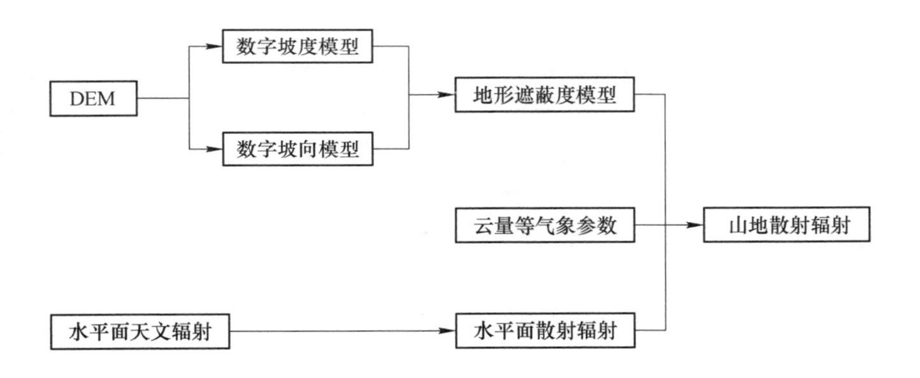

图 9-9 散射辐射模拟技术流程

山地散射辐射的模拟步骤：

(1) 利用数字高程模型计算数字坡度模型和数字坡向模型。

(2) 计算一天的地形遮蔽度（K_d）因子。

(3) 计算平地的天文辐射量 S_0。

(4) 计算平地的散射辐射量 D_0。

(5) 计算云量函数 $F(n)$ 的值。

(6) 利用 GIS 的多层信息复合方法计算散射辐射。

9.4.3.2 散射辐射计算模型

李占清、翁笃鸣给出了山地散射辐射的气候计算模式：

$$D_{\alpha\beta} = K_{\mathrm{d}}\left[D_0\cos^2\left(\frac{\alpha}{2}\right) + 35.1F(n)\cos(1.09h')\sin(1.42\alpha)\cos(\beta - A')\right]$$

式中，h' 和 A' 为正午时刻太阳高度角和太阳方位角；K_{d} 为地形遮蔽度因子；$F(n)$ 为关于云量的函数；D_0 为水平面的散射辐射通量密度。

$$K_{\mathrm{d}} = \frac{\cos\alpha\left(1 - \frac{1}{n}\sum_{i=1}^{n}\sin^2 h'_i\right) - \sin\alpha\left\{\frac{1}{n}\sum_{i=1}^{n}\left[\left(h'_i + \frac{1}{2}\sin 2h'_i\right)\cos\psi_i\right]\right\}}{\cos\alpha\left(1 - \frac{1}{n}\sum_{i=1}^{n}\sin^2 h_i\right) - \sin\alpha\left\{\frac{1}{n}\sum_{i=1}^{n}\left[\left(h_i + \frac{1}{2}\sin 2h_i\right)\cos\psi_i\right]\right\}}$$

$$\psi_i = \frac{i}{n}\cdot 2\pi$$

$$h_i = \arcsin\frac{-\cos(\beta - \psi_i)}{[\cot^2\alpha + \cos^2(\beta - \psi_i)]^{1/2}}$$

式中，h'_i 表示周围地形对坡地遮蔽角，它随与坡地的相对方位角 ψ_i 而改变；h_i 表示开旷的理想坡面、坡地自身形成的遮蔽角。

$$F(n) = 1 - 0.08n_{\mathrm{t}} - 0.02n_{\mathrm{l}}$$

$$D_0 = S_0(a + bn' - cn'^2)$$

$$n' = C_{\mathrm{t}}n_{\mathrm{t}} + C_{\mathrm{l}}n_{\mathrm{l}}$$

$$S_0 = \frac{24}{\pi}I_0E_0(\omega_{\mathrm{s}}\sin\varphi\sin\delta + \cos\varphi\cos\delta\sin\omega_{\mathrm{s}})$$

式中，n_{t} 为总云量；n_{l} 为低云量，以百分数代入；S_0 为平地的太阳天文辐射量；ω_{s} 为太阳日落时角；C_{t}，C_{l} 为权重系数；a，b，c 为经验系数。

9.4.3.3　模拟结果与分析

模拟的时间为 2000 年 1 月、4 月、7 月、10 月的代表日（15 日）以及 2000 年全年。由于气象资料的缺乏，代表日的总云量与低云量都采用当月的月平均值，其中 1 月的总云量和低云量分别为 5.4 成和 3.3 成，4 月的分别为 4.8 成和 1.5 成，7 月的分别为 6.6 成和 4.6 成，10 月的分别为 6.3 成和 4.8 成。模拟结果如图 9-10 所示。

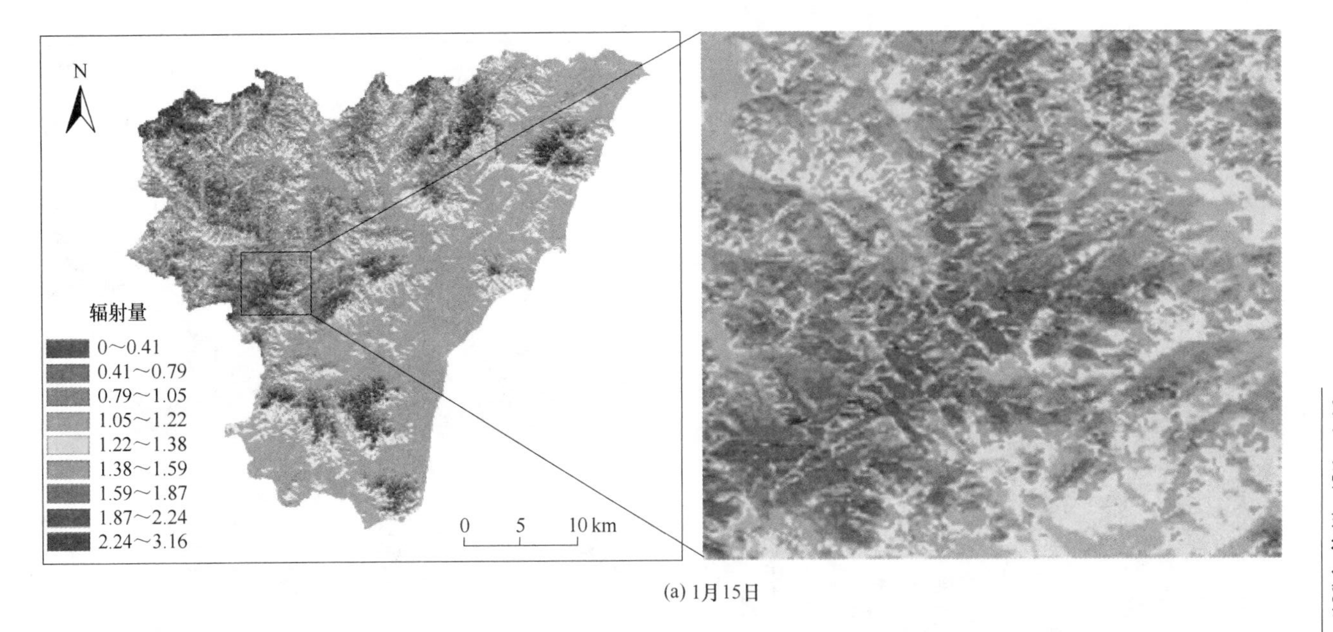
N
辐射量
0～0.41
0.41～0.79
0.79～1.05
1.05～1.22
1.22～1.38
1.38～1.59
1.59～1.87
1.87～2.24
2.24～3.16
0 5 10 km

(a) 1月15日

N
辐射量
0.05～1.23
1.23～1.50
1.50～1.71
1.71～1.88
1.88～2.01
2.01～2.13
2.13～2.20
2.20～2.37
2.37～2.71
0
5
10km

(b) 4月15日

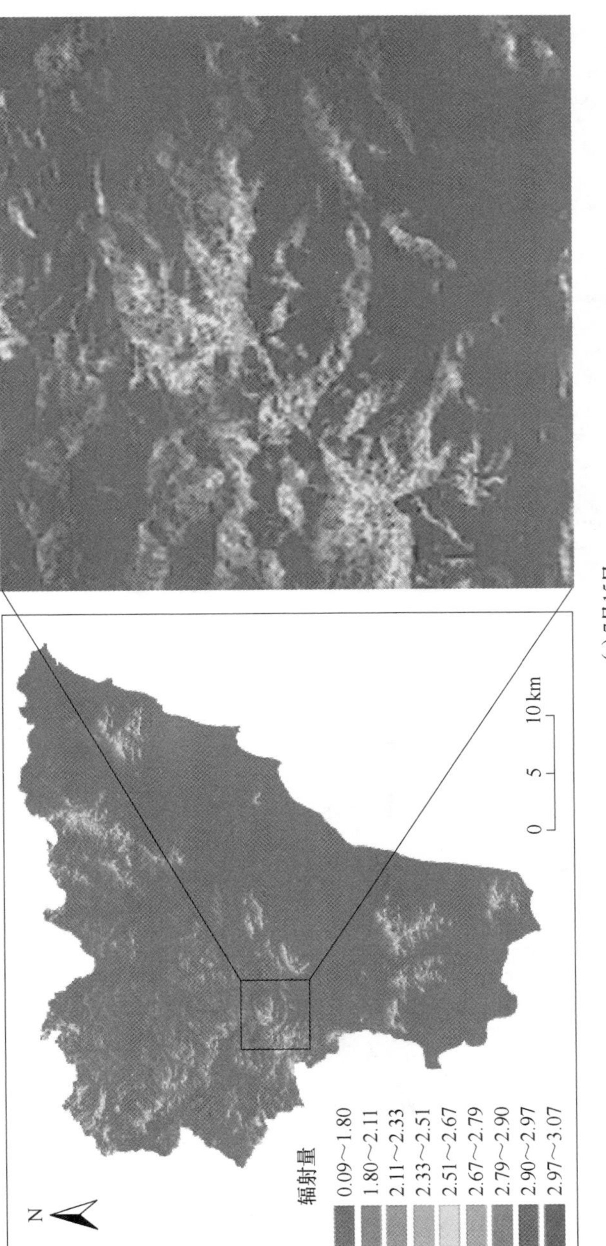
N
辐射量
0.09～1.80
1.80～2.11
2.11～2.33
2.33～2.51
2.51～2.67
2.67～2.79
2.79～2.90
2.90～2.97
2.97～3.07
0 5 10 km

(c) 7月15日

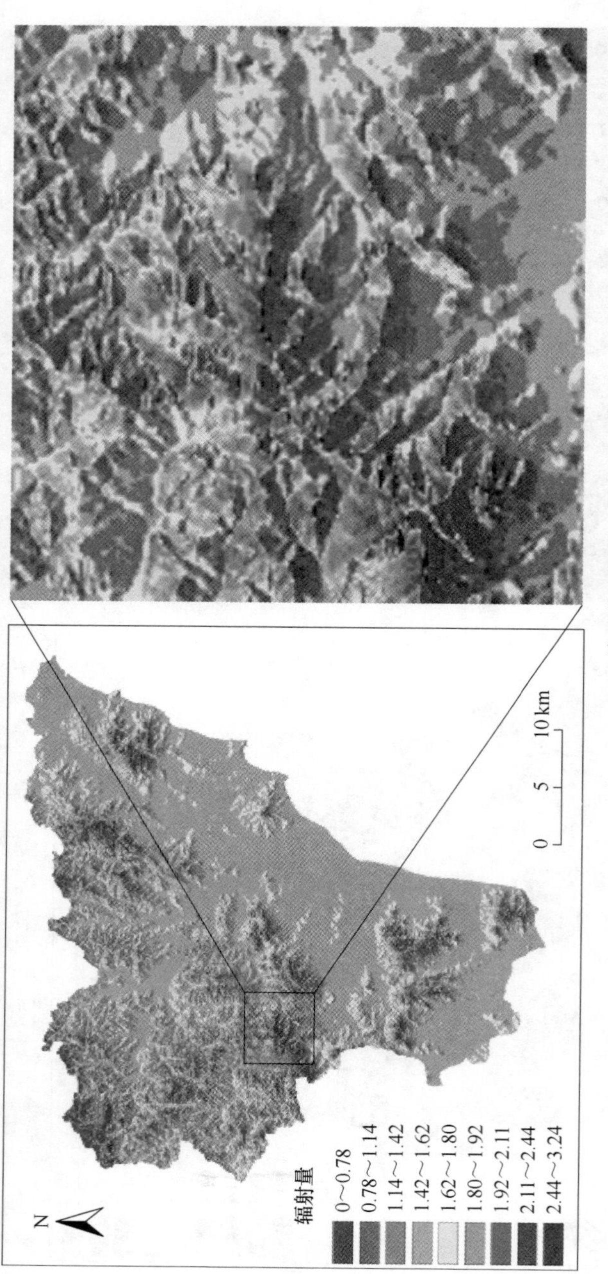
N
辐射量
0～0.78
0.78～1.14
1.14～1.42
1.42～1.62
1.62～1.80
1.80～1.92
1.92～2.11
2.11～2.44
2.44～3.24
0
5
10 km

(d) 10月15日

(e) 年散射辐射

图 9-10 1 月、4 月、7 月、10 月代表日（15 日）及年散射辐射图（单位 MJ/ m^2）

散射辐射的强弱与太阳高度角及大气透明度有关。太阳高度角增大时，到达近地面层的直接辐射增强，散射辐射也相应增强；反之，太阳高度角减小时，散射辐射也弱。天空有云出现即大气透明度不好时，参与散射作用的质点增多，散射辐射增强；反之，减弱。

在图 9-10 中，从冷色调的绿色（浅）到暖色调的红色（深），辐射量逐渐增大。结合表 9-4 可知，7 月 15 日的散射辐射量最大，平均值为 2.97MJ/m^2。接下来是 4 月 15 日和 10 月 15 日，散射辐射量分别为 2.14MJ/m^2 和 1.83MJ/m^2；而 1 月 15 日的散射辐射量最小，平均值为 1.18MJ/m^2；散射辐射的年总量平均值为 721MJ/m^2。本区域内各个时期的散射辐射量都低于同期的太阳直接辐射量，可见研究区域内的大气透明度较高，云量较少，参与散射作用的质点变少。在同一太阳高度角下，太阳直接辐射越大，散射辐射越小。从散射辐射的地形分布规律来看，散射辐射的分布受地形遮蔽条件和坡向因子的影响，最大值出现在阳坡和山脊处，最小值位于阴坡和山谷中。统计研究区辐射量的标准差，年直接辐射量的标准差为 156.23，而年散射辐射量的标准差为 69.25，说明散射辐射的分布差异没有太阳直接辐射明显，表现为较为均匀的分布模式。

表 9-4 散射辐射量统计表 （MJ/m^2）

类别	1 月 15 日	4 月 15 日	7 月 15 日	10 月 15 日	年总量
最小值	0	0.05	0.09	0	14
最大值	3.16	2.71	3.07	3.24	1073
平均值	1.18	2.14	2.97	1.83	721

9.5 气温模拟

气温模拟的方法及步骤与第 4 章介绍相似，这里不再重述。

9.5.1 辐射订正前后的温度对比

图 9-11 为气象站数据内插后经过高度订正后的日照市年均温空间分布，反映的是各栅格不同高程的平面气温分布，即辐射订正前的年均温分布图。图 9-12 为经过辐射订正后的日照市实际地形下的年均温空间分布。图 9-11、图 9-12 右图为局部放大图。

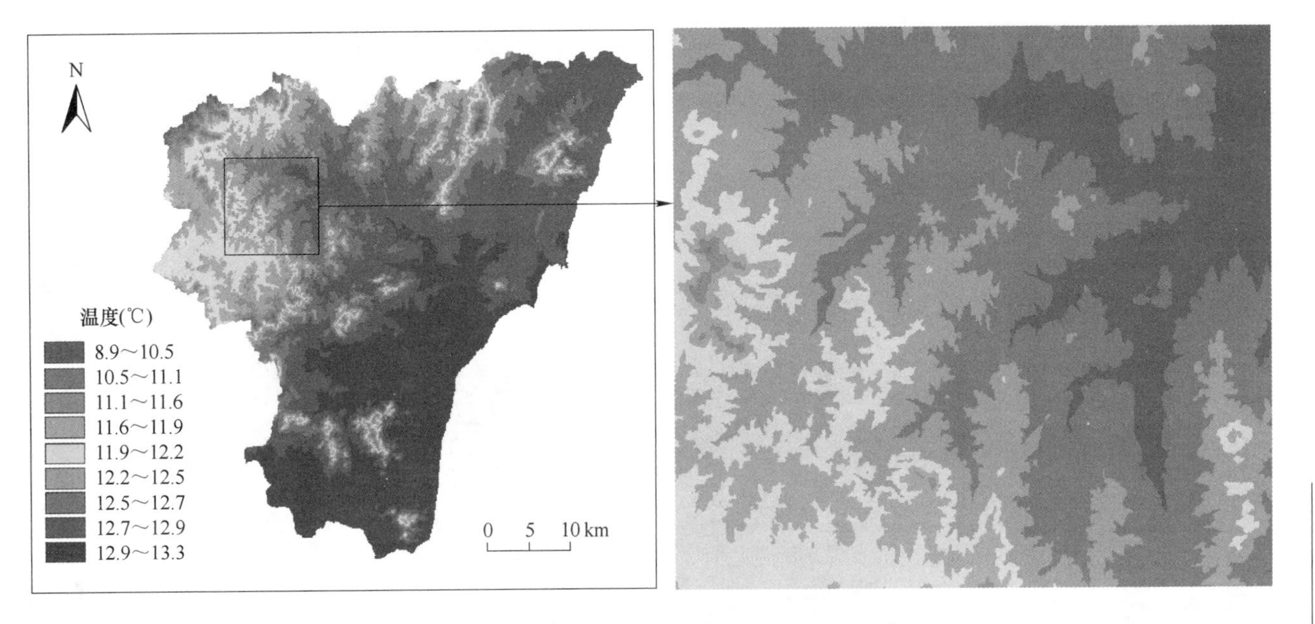

图 9-11 辐射订正前的日照市年平均气温

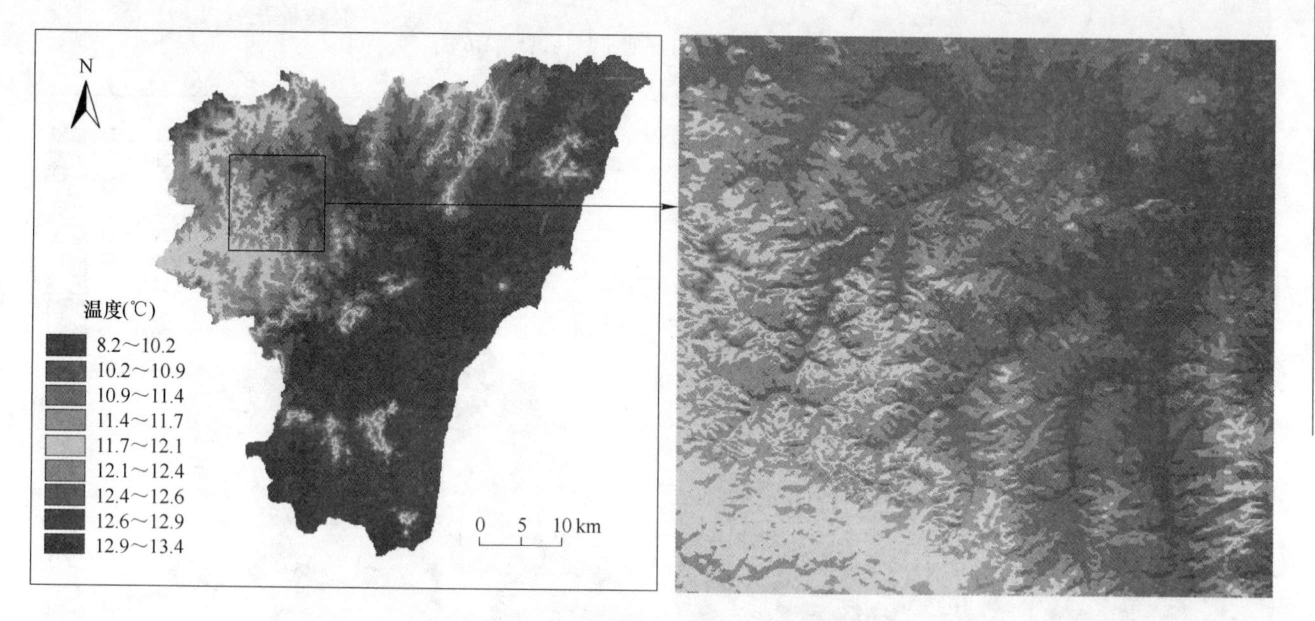

图 9-12 辐射订正后的日照市年平均气温

图中，从冷色调的绿色（浅）到暖色调的红色（深），温度逐渐升高。从图中可以看出，辐射订正前后的气温的整体分布趋势是一致的，但是从局部放大图上看，辐射订正后，气温模拟的结果在地形上更为精细，主要表现为局部差异，即在山脊的两侧和阴阳坡上有变化。辐射订正后整个地区的温度有所变化，反映在南坡的温度有所升高，北坡的温度有所降低；温度范围由订正前的8.9~13.3℃变为订正后的8.2~13.4℃。温度变化的幅度因地形的差异而不同。总之，经过太阳天文辐射订正后，温度场的空间变率都有明显增大，反映小尺度的空间差异的局部特征可以分辨出来。

9.5.2 月平均温度

图9-13是日照市1月、4月、7月、10月平均温度的模拟结果，右边部分为局部放大图。图中由冷色调的绿色（浅）到暖色调的红色（深），温度由低到高变化。由此可知各栅格单元的温度与其所在的海拔高度和辐射差密切相关。随着海拔高度的增加，温度呈现递减的趋势，而辐射的订正使得温度的分布更加精细，体现了温度随坡度、坡向等地形条件的不同而呈现的显著差异。

图9-13（a）为日照市1月平均温度空间分布，结合表9-5可知，日照市1月的平均温度为-5.9~0.9℃，平均值为-0.7℃。1月气温的空间分布总体呈纬向分布的趋势，气温北部低，南部高，同时地形分布规律比较明显，首先随着海拔高度的增加，温度逐渐降低；其次由于太阳辐射的订正，温度随坡度、坡向等地形因素的变化而存在显著差异，主要表现为南坡温度较高，而北坡较低。图9-13（b）为4月平均温度的空间分布，温度范围为8.0~13.2℃，平均值为12.2℃。总体上呈经向分布趋势，由西到东温度逐渐降低。从地形分布规律上看，温度随海拔高度的增加而降低的特点仍然很明显；但是温度随坡度、坡向等地形条件的差异而变化的程度已不如1月份明显，这是由于在春季随着太阳高度角的逐渐变大，接受太阳辐射时间变长，范围增大，天文辐射的地形分布差异变小的缘故。图9-13（c）是日照市7月平均温度的空间分布，最小值为21.1℃，最大值为25.8℃，平均值为25.2℃。7月温度总体上也呈经向分布趋势，由

(a)1月

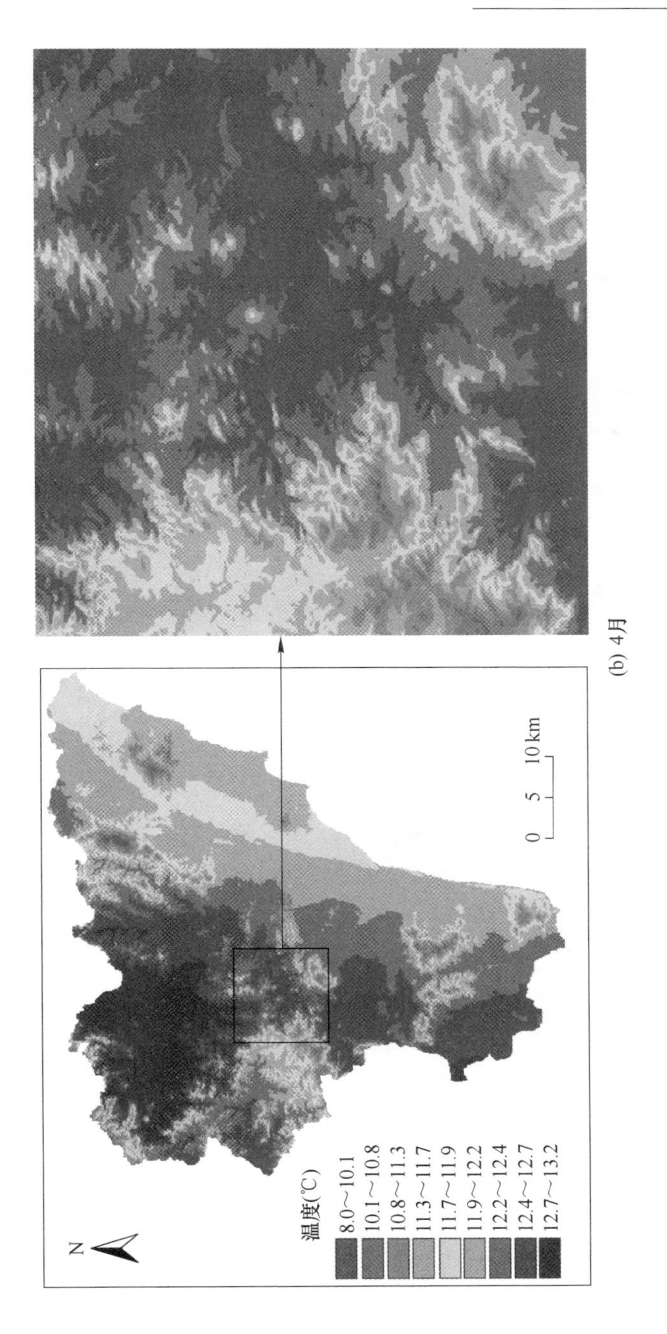
N
温度(℃)
8.0~10.1
10.1~10.8
10.8~11.3
11.3~11.7
11.7~11.9
11.9~12.2
12.2~12.4
12.4~12.7
12.7~13.2
0 5 10 km

(b) 4月

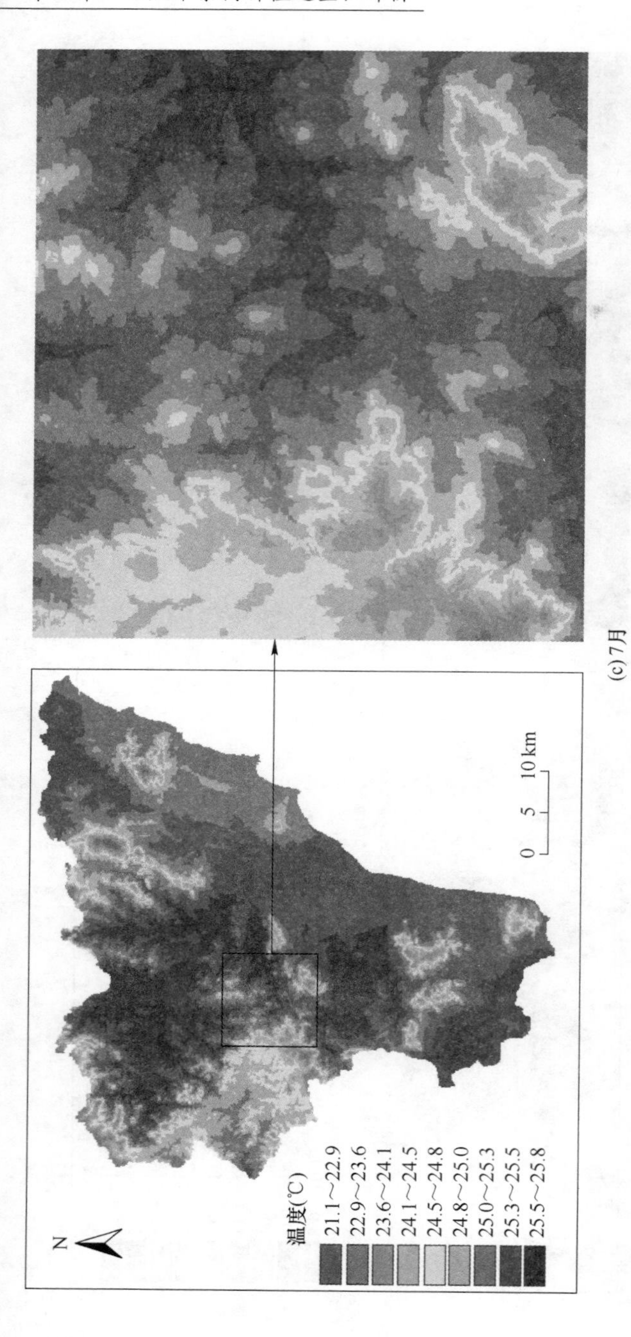
N
温度(℃)
21.1~22.9
22.9~23.6
23.6~24.1
24.1~24.5
24.5~24.8
24.8~25.0
25.0~25.3
25.3~25.5
25.5~25.8
0 5 10 km

(c) 7月

(d)10月

图 9-13 1月、4月、7月、10月平均温度

西向东降低。温度仍是随着高度增加而降低的，而区域中温度的分布比较均匀，最大差异为 4.7℃，明显小于 1 月的温差（6.8℃）。说明在夏季，影响区域温度分布的地形因子逐渐减弱，坡向在这里已经不是主要因子。这是因为到了夏季太阳高度角增大，甚者大于部分地区的地形遮蔽角，区域接受天文辐射的时间更长，范围更大，天文辐射在空间上的分布更加均匀，从而经过辐射订正后的气温分布也较均匀。研究区 10 月的气温空间分布如图 9-13（d）所示，温度平均值为 15.5℃，最小值为 10.6℃，最大值为 16.8℃（表 9-5）。总体上又呈纬向分布的趋势，北部温度低，南部温度高。到了秋季，随着太阳高度的逐渐变小，坡度、坡向等地形差异造成温度差异的特点又变得明显。从地形分布规律来说，10 月的气温分布与 1 月的基本类似，差异只反映在数值上，研究区 10 月温度的最大差异为 6.2℃，比 1 月温差稍小。综上所述，可知研究区各季温度总是随着海拔高度的增加而降低，而地形因子对温度分布的影响在冬季最强，秋季次之，然后是春季，而夏季最弱。

表 9-5　月平均温度统计表　（℃）

类别	1 月	4 月	7 月	10 月
最小值	-5.9	8.0	21.1	10.6
最大值	0.9	13.2	25.8	16.8
平均值	-0.7	12.2	25.2	15.5

9.5.3　极端低温

参照 1971~2000 年 1~4 月逐日极端低温和茶园近 30 年来冻害资料，本书还模拟了研究区极端低温的空间分布。为了更具有实际参考意义，我们选取一次天气过程中的极端低温进行模拟，时间为 2000 年 1 月 25~26 日，模拟结果如图 9-14 所示，右边为局部放大图。

图 9-14 中，从冷色调的绿色（浅）到暖色调的红色（深）温度范围为-20.1~-11.1℃。整体上呈现出由研究区的南部到北部温度逐渐降低的分布趋势。温度的地形分布规律非常明显，随着海拔高度的升高，温度逐渐降低；温度随坡度、坡向等地形因素的差异也存在显著的变化，南坡温度较高，而北坡温度较低。

图 9-14 日照市极端低温（2000 年 1 月 25~26 日）

9.6 风速模拟

9.6.1 茶树冻害的类型

从产生的地形因素考虑，茶树冻害可以分为两种类型：平流型冻害和辐射型冻害。

平流型冻害，也称阴冷型冻害。此类农业气象灾害受风速的影响较为显著，迎风地段的作物受害重，避风地段则受害轻。寒潮平流期盛行偏北风。当种植地段北面有良好的山体屏障时，可减弱平流之势，尤其是四面或三面（北、东、西）为群山包围的盆地，在寒潮平流期风速较小，降温较缓和，喜温作物受害的威胁就小；反之，如北面开旷无阻，尤其是北面形成缺口而东西两侧山体形成夹道时在寒潮平流期风速显著加大，降温比较剧烈，喜温作物受害的威胁就大。

辐射型冻害，也称晴冷型冻害。当发生这类农业气象灾害时，如种植地段处在较低洼的地段，则相对高度愈低，地表冷空气径流的汇流面积愈大，最低气温也愈低，受害就愈重。在寒潮辐射期（晴夜），如喜温作物地段因四周有比较高大的山体环绕，或三面或两面有山体屏障，而排路狭窄不畅时，则辐射夜晚（晴夜）丘陵低处不仅要承受当地高处的冷空气径流，还要承受附近较大山体的大量冷空气径流，形成深厚的“冷湖”，其霜线较高，种植地段受冻（寒）害面积就大，作物受害也重。

通过调查了解日照市茶树冻害的实际情况，认为平流型冻害是茶树冻害的主要方式。冬季平流期干冷风风速大小是决定茶树冻害的重要因素。由于风速大小受海拔高度和局域地形条件的影响，因此，选择向阳、背风、地势开阔的园址是减轻日照茶树冻害的有效措施。本文通过选择冬季最冷月份的主导风向，对起伏地形条件下的风速进行模拟，进而对影响茶树生长的风速因子进行评价。

9.6.2 一月份风速模拟

9.6.2.1 数据处理过程

考虑到6个气象台站的平均海拔高度为80m左右，将各气象站点1月份平均风速统一换算到海拔80m平面高度上，采用克里金插值法对该平面上气象站点的风速进行内插，生成海拔80m平面上风速分布格网图层。该图层仅能反映没有地形起伏条件下80m平面上的风速分布趋势（图9-15）。

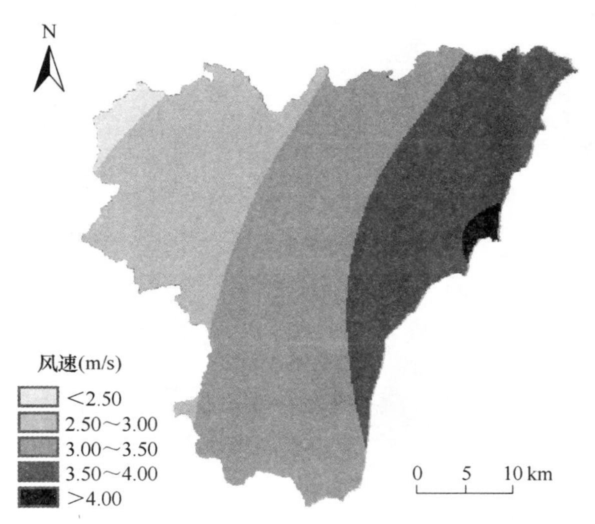

图9-15 日照市海拔80m平面上风速分布趋势图

将DEM格网图层与80m平面上风速分布格网图层在ArcGIS的GRID模块下按照指数律公式进行栅格运算，得到不同栅格高程上的风速分布图。然后利用条件语句进行判断，如果是平原区平坦地形，则直接得出栅格单元的风速；如果是山丘区起伏地形，则采用窗口分析方法，按照不同的坡度、坡向和坡位的组合关系，计算某一栅格单元的风速。

由于以上数据处理过程较为繁琐，在ArcGIS软件的支持下，利用其提供的宏语言功能编写了AML程序，通过输入研究区DEM和气象站点的风速值，就可以实现整个过程的自动批处理。

9.6.2.2 结果分析与讨论

日照市1月份平均风速的模拟结果如图9-16所示。其中左图显示了日照市1月份风速的空间分布情况，右图为局部地区的放大效

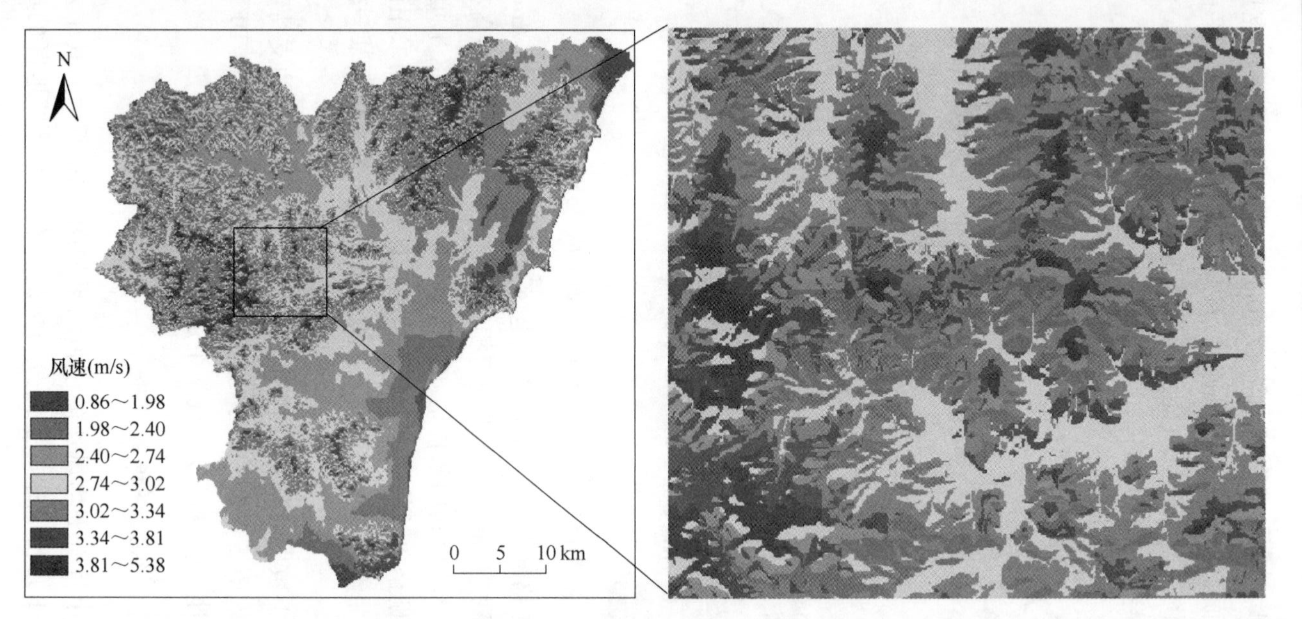

图 9-16 研究区 1 月份平均风速空间分布图

果。整个日照市1月份的平均风速介于0.86~5.38m/s之间，平均值为2.80m/s。从风速分布的宏观格局来看，西部和东北部山区地势较高，风速较大，中部和南部平原地区风速较小。从局部地区的风速分布来看，能够反映出迎风坡与背风坡、山顶与山麓、坡上与坡下等不同地形部位的风速分异特点，表现为迎风坡风速大，背风坡风速小；山顶风速大，山麓风速小；坡上风速较大，坡下风速较小。

由于研究区内气象站点较少，实地测量又存在较大困难，无法对模拟结果进行直接验证，所以利用日照市茶园优生区的解译图与模拟结果对比分析，进行间接检验。

茶树为典型的亚热带作物，将其引种至温带，气候条件成为制约茶树能否成功种植的重要因素。能否避免寒潮侵袭，安全越冬，成为茶树能否存活的关键。而寒潮主要是在冬季，由大规模强冷空气积聚暴发，造成偏北大风和温度骤降，使茶树遭受大面积冻害。经过半个多世纪的试验、选址，目前日照地区成功引种且为优生区的茶园几乎都分布在背风之处。本书利用2005年日照市spot影像（11月）解译获得优生茶园的分布现状，与模拟生成的冬季风分布图进行叠置分析(图9-17)。

图9-17右边的部分为茶园解译与风速空间分布叠加图的局部放大，通过对研究区茶园面积的统计可得，优生茶园90%以上都分布在风速小于3m/s的区域内，其中65%以上都分布在风速小于1.5m/s的区域内。这充分说明模拟结果是合理的，基本能反映日照地区近地层风速的实际分布情况，能够为日照市茶树适生环境评价研究提供翔实可靠的冬季风空间分布基础资料。

与以往利用GIS技术和数字高程模型对平均风速进行模拟的相关研究相比，本研究除了考虑地形高差的影响以外，还充分考虑了坡度、坡向、坡位等多种地貌要素对风速分布的影响。但是由于预设条件中对风速问题的简化，忽略了山谷风、地形狭管效应等对近地面风速的影响，必然带来一些偏差，对模拟精度产生一定的影响，这些问题还有待于进一步的研究加以解决。

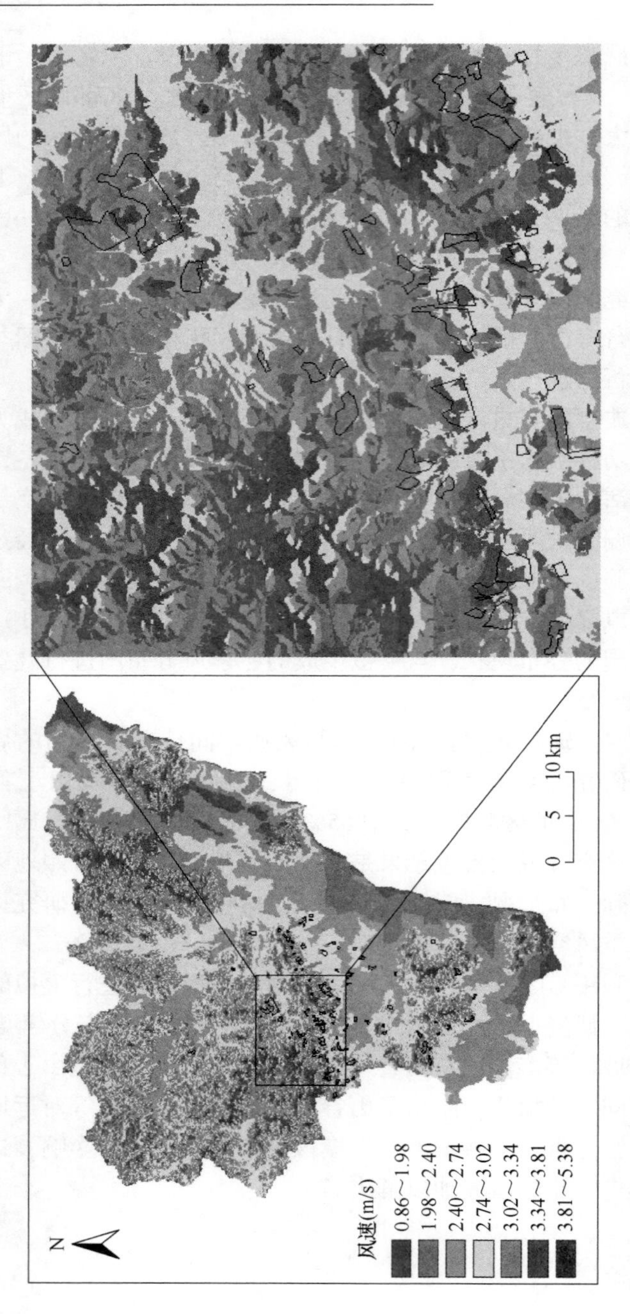

图9-17 茶园解译结果与1月份平均风速空间分布叠加图

9.7 试验样区茶树种植适宜性评价

9.7.1 茶树种植适宜性评价指标体系

9.7.1.1 评价因子选择的原则

第一，因地制宜原则。影响茶树种植的因素区域差异性很大，茶树种植适宜性评价主要见于南方，评价因子也具有南方特色，而这些可参考的评价因子中，部分情况与北方不符，所以评价时应密切结合本地的实际，科学地确定评价因素及指标等级。

第二，综合性和主导因素相结合原则。一个地区的环境是在特定时空条件下由地貌、土壤、气候、水文等要素组成的自然综合体，并受到人为因素的影响。一地是否适合种植茶树取决于这些因素的综合作用；但是各个因素的作用强度是不等同的，在特定的时间和空间里某些因素起主导作用。因此，在强调综合分析的基础上，抓住主要限制因素和主导因素进行分析评价尤为重要。

第三，稳定性原则。在选择因子时，尽量选择那些较长期影响茶树生产力和质量的因子，以便据此评判茶树种植的适宜性及稳定性程度。而对于那些在人为因素下具有易变性的因子，则不宜采用。

第四，空间变异性原则。

适宜性评价的结果是要给出研究区内各评价单元种植茶树的适宜性等级，应选取那些在区域内有较大的变化且其变化对茶树生长影响显著的因子。如果评价指标在空间上变异很小，就很难划分适宜性的等级。

9.7.1.2 评价因子的选择

虽然茶树生长与自然条件之间的关系有许多成熟的研究，但是由于茶叶是典型的热带亚热带作物，已有的研究大多是基于南方自然条件进行的，所以进行日照茶树种植适宜性评价时，除了要参考已有的经验和资料外，更要立足于北方自然条件。

本研究在分析了已有研究成果的基础上，结合野外调查，总结当地科技人员和茶农的经验，分别从土壤、温度、辐射、空气、地形、水分等因素出发，选择了土壤 pH 值、土壤质地、最低月均温、极端低温、散射辐射、一月平均风速、坡度、坡向、年平均降水、相对湿度等 10 项评价因子。

由于在辐射的模拟中已经考虑了坡向因子，所以评价不再将坡向单独作为一个因子参评，但是评价之前，已将北坡（0°~30°，330°~360°）除去；另外，评价只限于日照市东港区和岚山区，尽管降水对于茶树种植很重要，但由于该区降水基本能满足茶树生长需求，而且年平均降水在评价区内空间变化较小，所以年平均降水也没有作为最后的参评因子；除掉上述两项因子，最后遴选了适宜性评价的 8 项参评因子，见图 9-18。

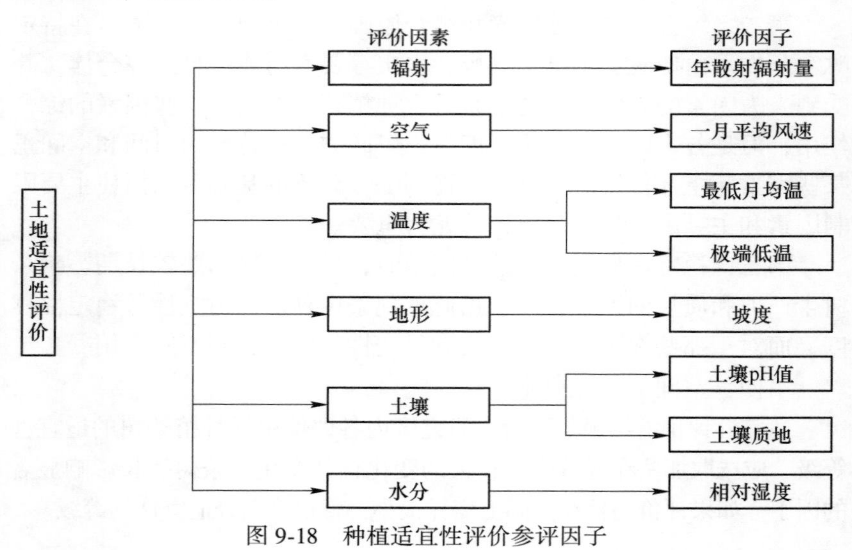

图 9-18 种植适宜性评价参评因子

9.7.1.3 其他评价因子的实现

A 坡度因子实现

以日照市 1∶5 万地形图生成的 DEM 为基础，利用 ArcGIS 软件对 DEM 进行坡度运算，从而提取坡度信息。

地面上某点的坡度表示了地表面在该点的倾斜程度。在 ArcGIS 中 Slope 确定了中心栅格与四周相邻栅格高程值的最大变化率。

坡度的计算通常在3×3的DEM栅格窗口（图9-19）中进行，对3×3栅格的高程值采用一个几何平面来拟合，中心栅格E的坡向即此平面的方向，其坡度值采用平均最大值方法（Burrough，P. A.，1986）来计算。窗口在DEM数据矩阵中连续移动后完成整个区域的计算工作。

A	B	C
D	E	F
G	H	I

图9-19 3×3的窗口计算中心栅格的坡度

在3×3的DEM栅格窗口中，如果中心栅格是No Data数据，则此栅格的坡度值也是No Data数据；如果相邻的任何栅格是No Data数据，它们被赋予中心栅格的值再计算坡度值。坡度值的范围是0°~90°。

根据上述研究方法，对日照市坡度因子进行了提取，结果如图9-20所示。

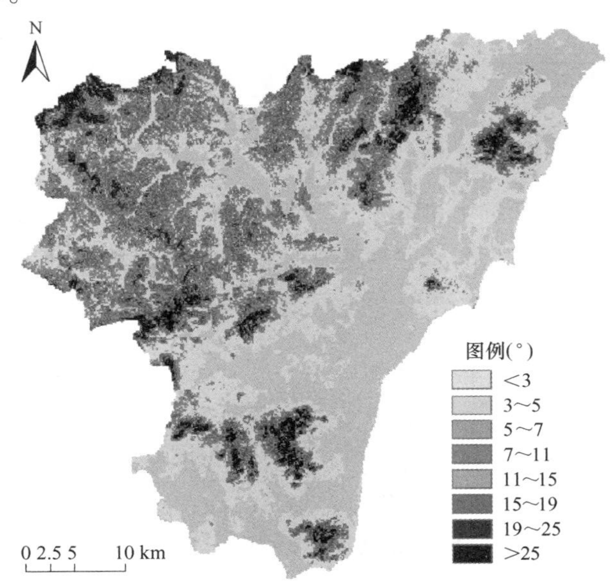

图9-20 日照市坡度空间分布

从图9-20和表9-6分析可以看出，日照市<3°的土地面积占总面积比例（30.9%）较高，>15°的土地面积占总面积的7.2%，两者共计38.1%；其余61.9%的土地分布在3°~15°的范围内，而这也正是茶树适宜种植的范围。另外，从统计结果看，日照市内坡度最小值为0°，最大值为62°，平均值为4.9°，标准差为6.12，这说明日照市丘陵分布比较和缓，适合种植茶树。

表9-6 不同坡度范围所占比例

比较项目	比较内容								总计
坡度/(°)	< 3	3~5	5~7	7~11	11~15	15~19	19~25	>25	—
面积/km²	556.7	574.5	280.2	173.6	85.8	50.5	45.4	32.3	1799
比例/%	30.9	31.9	15.6	9.6	4.8	2.8	2.6	1.8	100

B 土壤评价因子的实现

土壤评价因子主要是土壤质地和土壤pH值，数据来源于日照市土壤类型图，技术路线如图9-21所示。

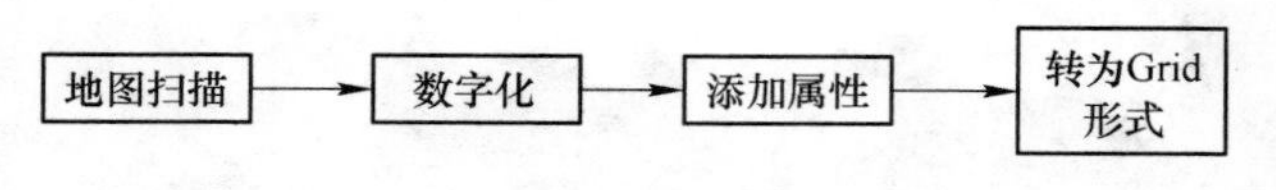

图9-21 土壤因子实现技术流程

土壤因子的矢量化和属性的添加在Arcmap下进行，先建立shape文件，进行矢量化，然后添加属性，将其转化为Grid格式，栅格大小和别的因子同样为25m×25m。最后形成土壤pH值和土壤质地如图9-22和图9-23所示。

C 相对湿度因子的实现

湿度数据来源于山东省气象局，时间为1976~2005年，数据内容为历年平均相对湿度，各气象站的经度、纬度和海拔高度，共包括日照市及周边地区的6个气象台站信息。通过6个气象站点所提供的相对湿度信息在ArcGIS下通过样条函数内插获得日照市年平均相对湿度（图9-24）。

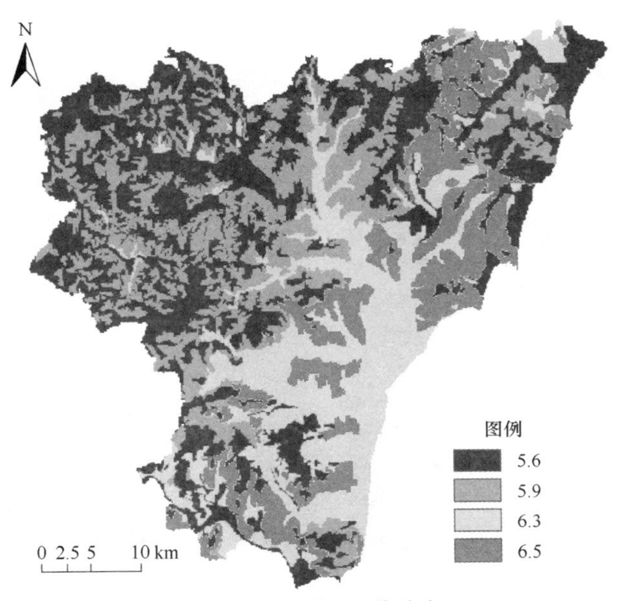

图 9-22 土壤 pH 值分布

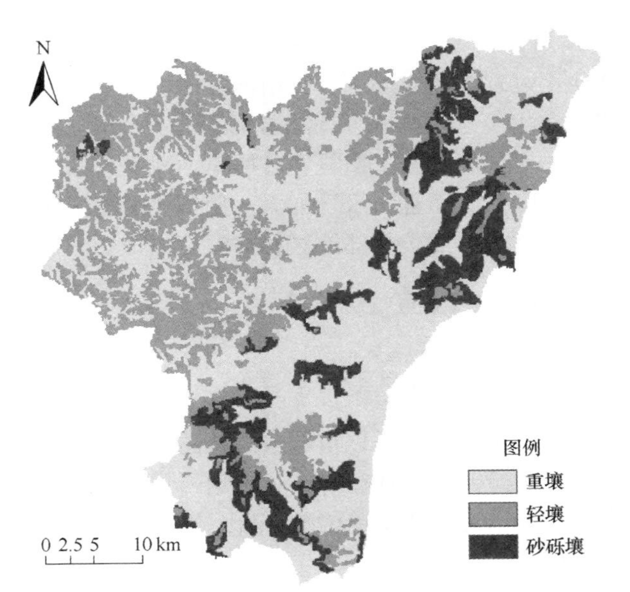

图 9-23 土壤质地分布

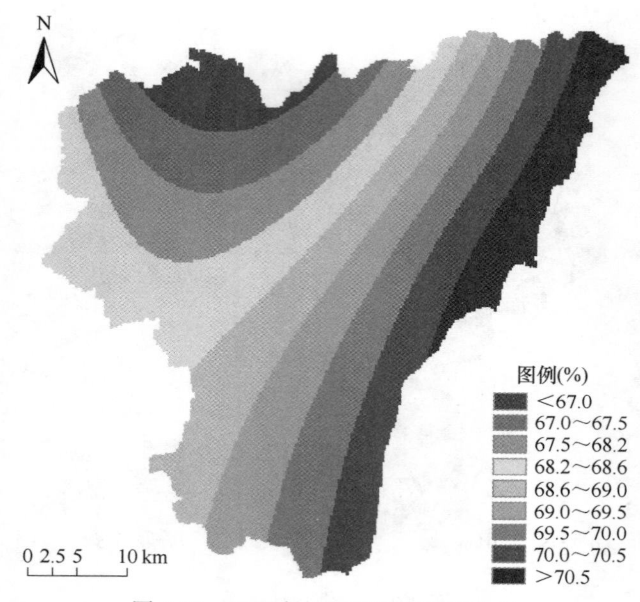

图9-24　日照市年相对湿度空间分布

从图9-24可以看出，日照市年平均相对湿度呈现由东向西递减的趋势，在西部表现为相对湿度较大值向北倾斜的现象。首先，由于东部地区与东海相接，沿海地区有源源不断的水汽向陆地输送，这使得越接近海洋相对湿度越大；但是在日照市西北部地区，由于山地的抬升，温度有所降低，而且降水量加大，使得该区相对湿度呈现随高度增加的情况，这就形成了西部地区相对湿度的“V”型分布状况。

9.7.2　典型区茶树种植适宜性评价

9.7.2.1　种植适宜性的单因子评价

每一个评价因子都对茶树种植起着重要的作用，在综合评价种植适宜性之前，必须研究茶树种植每一个影响因子等级。参考已有资料和结合研究区实际情况，作了单因子评价。

A　辐射单因子评价

对于茶树种植而言，生长期内散射辐射越多茶树品质越佳，研究区临海而居，散射辐射较大，这为茶树生长奠定了良好的基础，研究通过模拟，并将散射辐射分为三个等级（图 9-25），分别为，一级：>750MJ/m^2；二级：680～750MJ/m^2；三级：<680MJ/m^2。

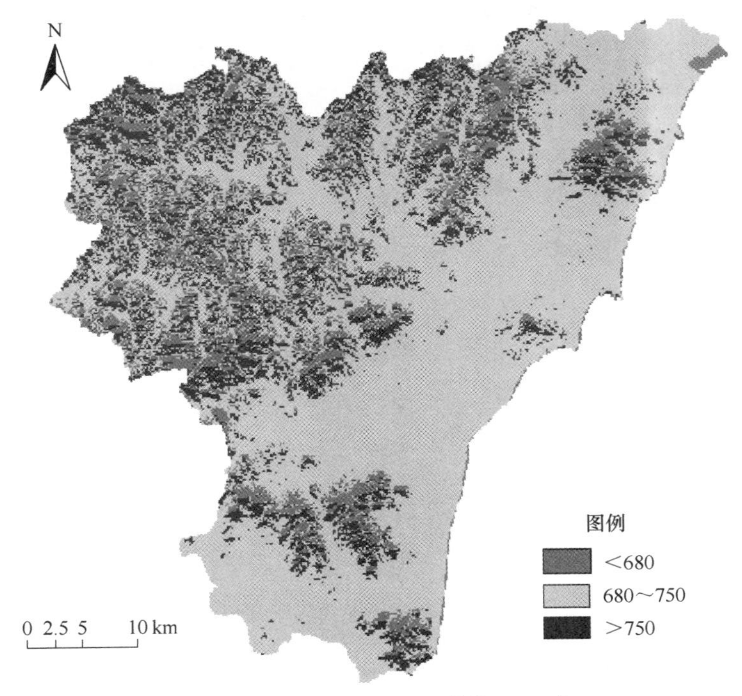

图 9-25 辐射评价分级（单位 MJ/m^2）

B 冬季风速单因子评价

能否抵御寒潮袭击，是能否成功种植茶树的关键。寒潮过程往往伴有大风、降温等气候现象，而风速又决定着降温的程度，冬季风速对茶树种植的影响不言而喻。将冬季风速分为三个等级（图 9-26），分别为，一级：<2.5m/s；二级：2.5～3m/s；三级：>3m/s。

C 温度单因子评价

在气候因子中，气温对茶树生长起着重要的作用，研究区内由于年平均温度基本满足茶树生长，区分度不明显，所以选择了对茶树越冬有重要影响的最低月均温和极端低温作为评价因子，并进行了分级

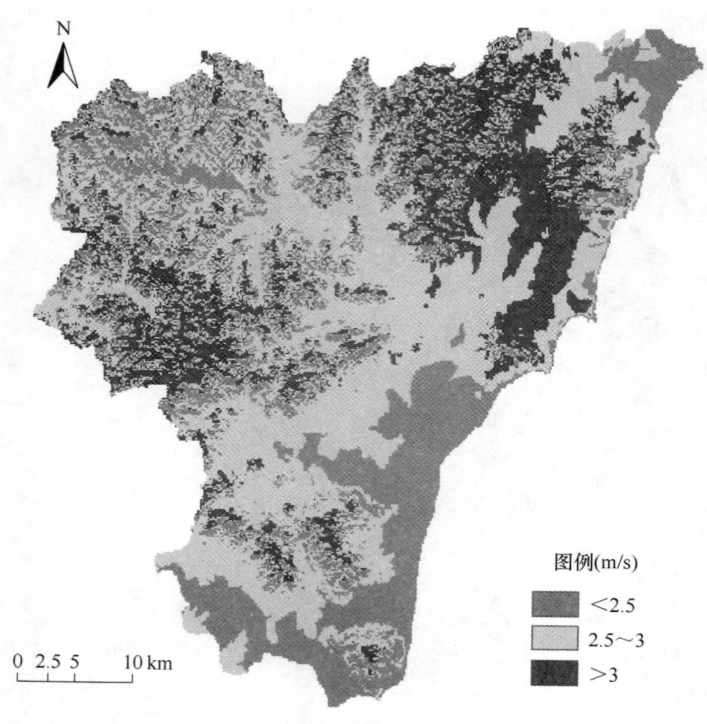

图 9-26 冬季风速单因子评价

(图 9-27，图 9-28)，最低月均温分级为，一级：>0.5℃；二级：-1.5~0.5℃；三级：<-1.5℃。极端低温分级为，一级：>-13℃；二级：-14.5~-13℃；三级：<-14.5℃。

D 地形单因子评价

高度、坡度和坡向对茶树种植能否成功起着重要的作用。在研究中，由于研究区基本属于丘陵区，高程有限，对茶树生长的限制性不是很明显，同时，由于在辐射、风速、温度模拟中用到了 DEM，所以高度不单独做评价因子考虑；对于坡向，由于在辐射、风速、温度模拟已充分地利用了该因子，所以也不做单因子考虑。但是从定性的角度考虑，北坡不适宜种植茶树，所以在综合评价之前已将北坡除去。

最后保留了坡度因子，在<3°的地方种植茶树可能会因为积水而

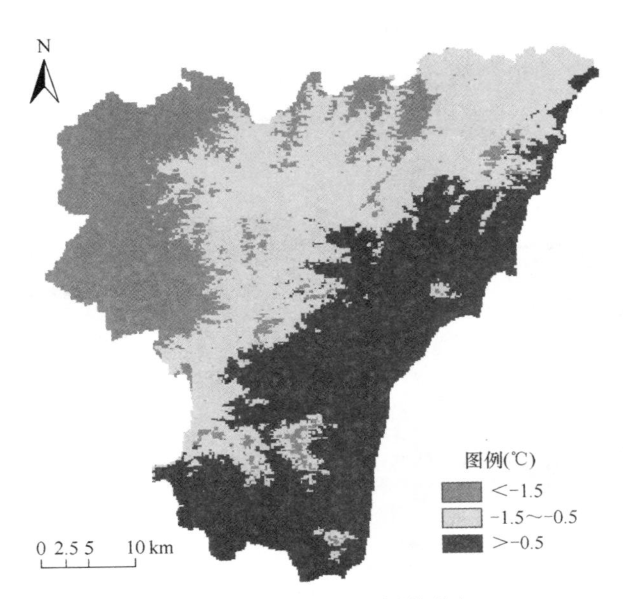

图 9-27 最低月均温评价分级

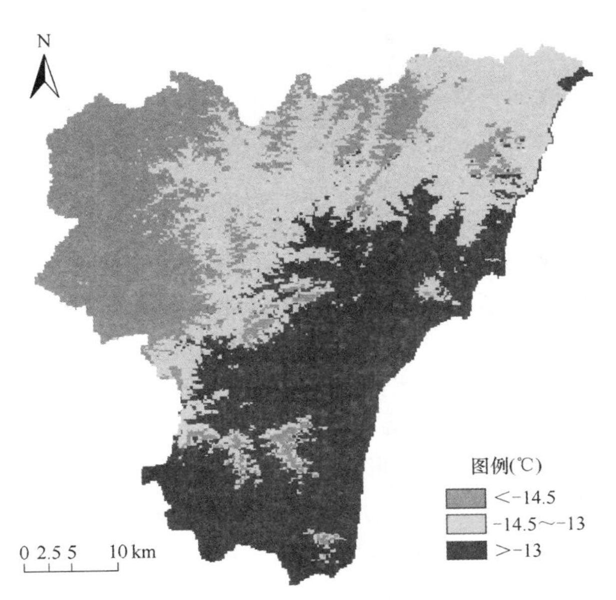

图 9-28 极端低温评价分级

烂根，同时为避免争地矛盾，所以认为该区不该种植茶树，坡度>25°也不适合种植茶树。基于此，研究将适合茶树种植的坡度分为三级（图 9-29），一级：3°～5°；二级：5°～15°；三级 15°～25°。

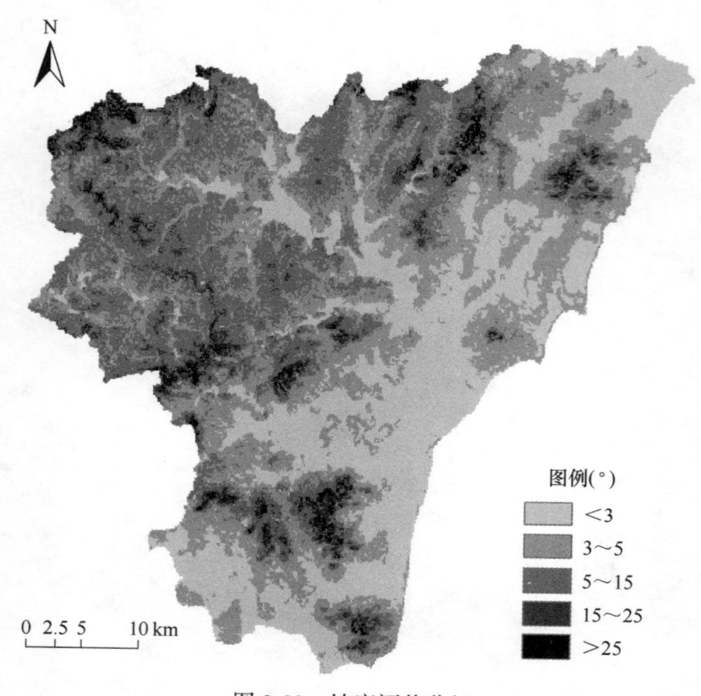

图 9-29 坡度评价分级

E 土壤单因子评价

土壤对茶树生长意义明显，前文已述及土壤和茶树生长的关系，研究选择长期影响茶树生长的土壤 pH 值和土壤质地作为茶树评价因子，并将其做了分级，在土壤 pH 中，将 pH 值为 5.6 的区域划为一级，pH 值为 5.9 的区域划为二级，pH 值为 6.3 和 6.5 的区域划为三级（图 9-30）；将土壤质地也分为一、二、三级，分别为砂砾壤区、轻壤区、重壤区（图 9-31）。同时为了方便数学模型的应用，将土壤质地不同等级用数字表示，分别为 3、2、1，对应砂砾壤区、轻壤区、重壤区。

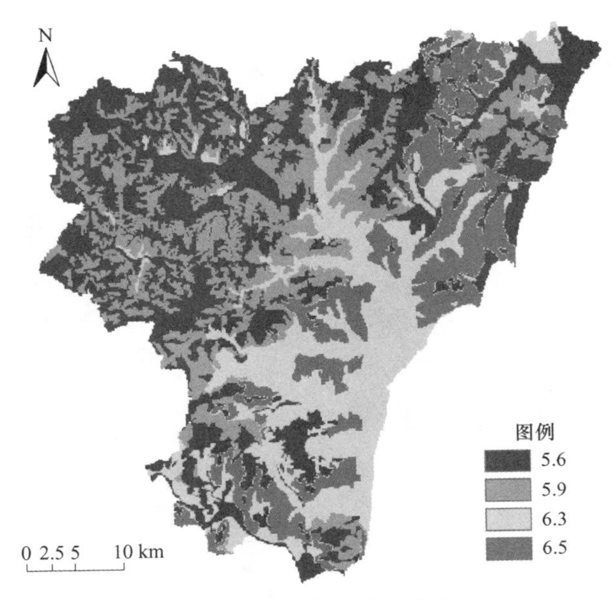

图 9-30 土壤 pH 评价分级

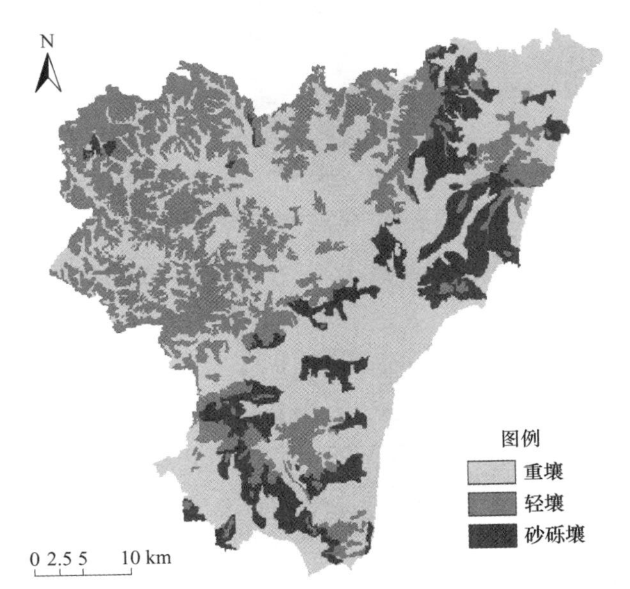

图 9-31 土壤质地评价分级

F　相对湿度单因子评价

茶树生长对相对湿度有一定的依赖，本文通过 ArcGIS 软件提供的样条函数插值方法，模拟了日照市相对湿度，并将其分为三级（图 9-32），一级：>70%；二级：68%~70%；三级：<68%。

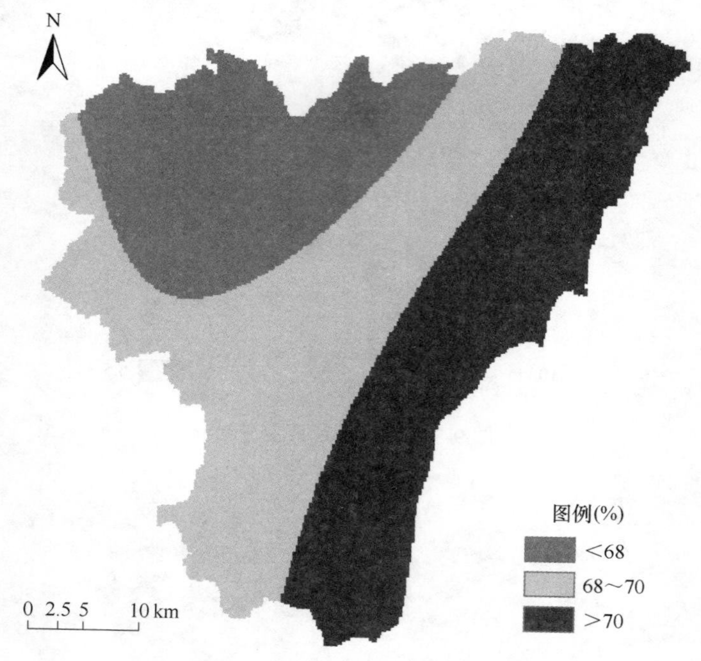

图 9-32　相对湿度评价分级

最后，通过对以上各因子的汇总得到单因子评价分级表（表 9-7），分级矩阵说明为：

$$V = \{最适宜(\mathrm{I}),\ 适宜(\mathrm{II}),\ 一般适宜(\mathrm{III})\}$$

表 9-7　评价因子等级表

因子	Ⅰ	Ⅱ	Ⅲ
冬季风速/$m \cdot s^{-1}$	<2. 5	2. 5~ 3	>3
散射辐射/$MJ \cdot m^{-2}$	>750	680~ 750	<680
最低月均温/℃	>0. 5	−1. 5~ 0. 5	<−1. 5

续表 9-7

因子	Ⅰ	Ⅱ	Ⅲ
极端低温/℃	>-13	-14.5~-13	<-14.5
坡度/(°)	3~5	5~15	15~25
土壤 pH 值	5.6	5.9	6.3、6.5
土壤质地	砂砾壤（3）	轻壤（2）	重壤（1）
相对湿度/%	>70	68~70	<68

9.7.2.2 茶树种植适宜性的综合评价

一个地区的环境是由各种因素相互作用形成的综合体，种植适宜性也应该由各个评价因子综合决定，而各个因子又存在着相对重要性，所以需在确定各因子权重的基础上进行合理的空间分析，最终得到土地综合评价结果。

A 评价因子权重的确定

权重的确定应用的数学方法主要为 AHP（层次分析法）。层次分析法是一种定性与定量相结合的决策分析方法，它是一种将决策者对复杂系统的决策思维过程模型化、数量化的过程。运用这种方法，决策者通过将复杂问题分解为若干层次和若干因素，在各因素之间进行简单的比较和计算，就可以得出不同方案重要性程度的权重，为最佳方案的选择提供依据。

在参考已有研究成果和实地调查的基础上，确定了各因子的相对重要性，并利用层次分析法计算出了各因子的权重（表 9-8）。

表 9-8 评价因子权重表

因子	权重	因子	权重
冬季风速	0.2399	坡度	0.0924
散射辐射	0.1702	土壤 pH 值	0.0564
最低月均温	0.1316	土壤质地	0.0564
极端低温	0.1973	相对湿度	0.0558

注：判断矩阵一致性指标 CI=0.0216，通过一致性检验。

B　种植适宜性综合评价

种植适宜性评价运用了模糊数学（Fuzzy）方法。模糊数学是一种研究和处理模糊现象的新型数学方法，对于地理区划，必然涉及模糊现象、模糊概念和磨合逻辑的问题，对于解决这类问题的定量化研究，模糊数学方法是必不可少的重要工具[73]。

模糊综合评价法是一种以模糊推理为主的定性与定量相结合，精确与非精确相统一的分析评判方法。由于这种方法在处理各种难以用精确数学方法描述的复杂系统问题方面，表现出了独特的优越性，所以它在各个学科领域中得到了越来越广泛的应用。在地理学中，模糊综合评价法常常用于资源与环境条件评价、生态评价等各个方面。模糊数学综合评价法的技术流程见图 9-33。

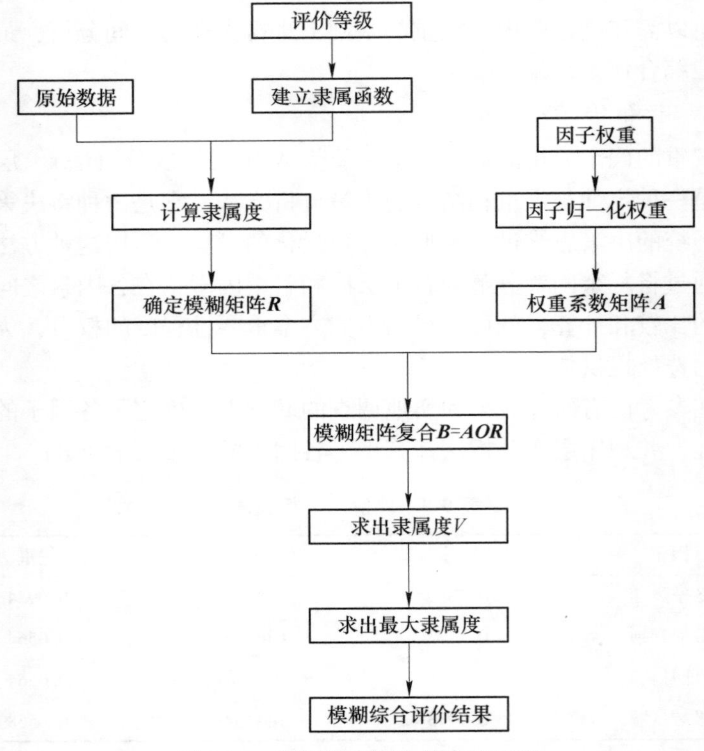

图 9-33　模糊综合评价技术流程图

综合区划评价以研究区 25m×25m 栅格为单元，通过 GIS 和数学模型的集成进行。通过计算，得出研究区茶树种植适宜性评价结果（图 9-34）。

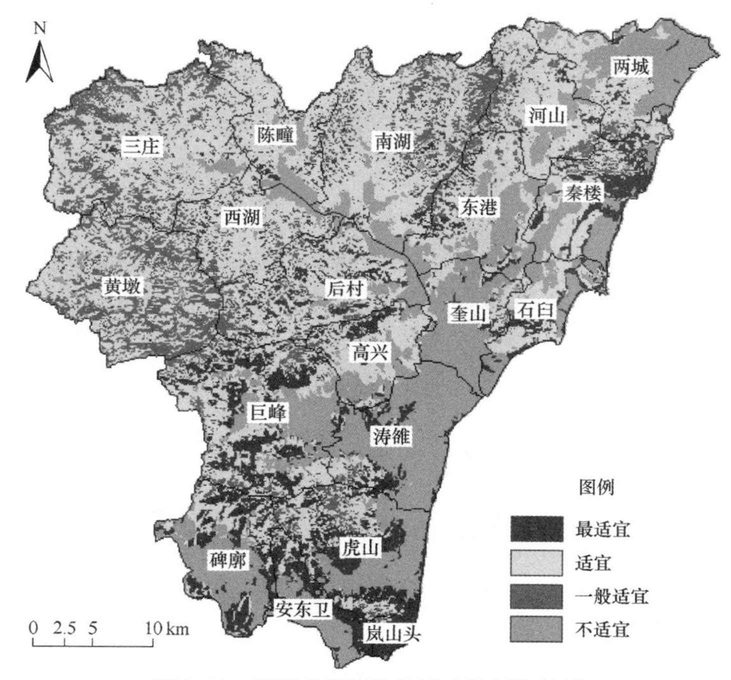

图 9-34 研究区茶树种植适宜性评价结果

在图 9-34 中，红色区域为最适宜区，黄色为适宜区，绿色为一般适宜区，青绿色为不适宜区。最适宜区面积为 38283 公顷（574245 亩），占总面积 21%；适宜区面积为 54153 公顷（812295 亩），占总面积 30%；一般适宜区为 15929 公顷（238935 亩），占总面积 9%；不适宜区为 71535 公顷（1073025 亩），占总面积 40%。

9.7.3 研究区评价结果的验证

9.7.3.1 遥感数据源及处理

遥感影像是一种非常重要的地学信息源，不同类型的遥感影像数据具有不同的物理性质，即不同的空间分辨率、波谱分辨率和时间分辨率。因此，必须根据研究目的选择适当的遥感数据，才能更好地服务于研究需求。根据研究区比例尺背景和茶树生物特点，选择了2005年11月的SPOT影像数据，此时，由于别的作物一般都枯萎叶落，但是茶树是常绿性植物，在冬季的影像图上，茶树颜色突出，纹理清晰，很容易辨认。

本次研究主要采用了几何校正和图像融合，几何校正是针对由于搭载传感器的遥感平台飞行姿势变化、地球自转地球曲率等原因，使图像相对于地面目标产生的畸变而进行的校正。本次几何校正是在图像处理软件Erdas8.5支持下，首先将影像进行投影参数和坐标系统转化，使其与研究区图像数据有相同的坐标体系；再以日照市1∶5万地形图为影像校正的主控图件，在地形图和相应的影像上选了25个控制点（GPC），选取的控制点为永久性人工建筑物，这样得到较为精确的影像资料。

图像融合，是按照一定的算法将单一传感器的多波段信息或者不同类别传感器所提供的信息加以综合，获得更丰富的信息，它不仅是简单的数据叠加，而是强调信息的优化，并突出有用的专题信息，增加解译的可能性。本次图像融合是利用主成分变换融合法完成的，这大大地提高了图像的清晰度。

9.7.3.2 影像解译与评价结果检验

由于是冬季的影像图，再加上经过了图像融合处理，因此可以很好地分辨茶园的特征，茶园颜色突出，条带明显，分布规律，尤其在茶树种植良好的地方可以明显地看到灌丛结构。最后通过目视解译完成了解译工作，解译主要是针对岚山区的优生茶园进行的，首先，进行野外调查，掌握那里分布着茶园优生区，然后转入室内，结合影像图进行解译。

为了检验评价结果的正确性，进行了评价结果与解译结果对比分析，将茶园优生区解译结果与评价结果图套合（图9-35），通过统计计算得到，茶园优生区97%的面积落在了最适宜区和适宜区，91%的茶园优生区落在最适宜区。所以，研究认为评价结果是合理的。

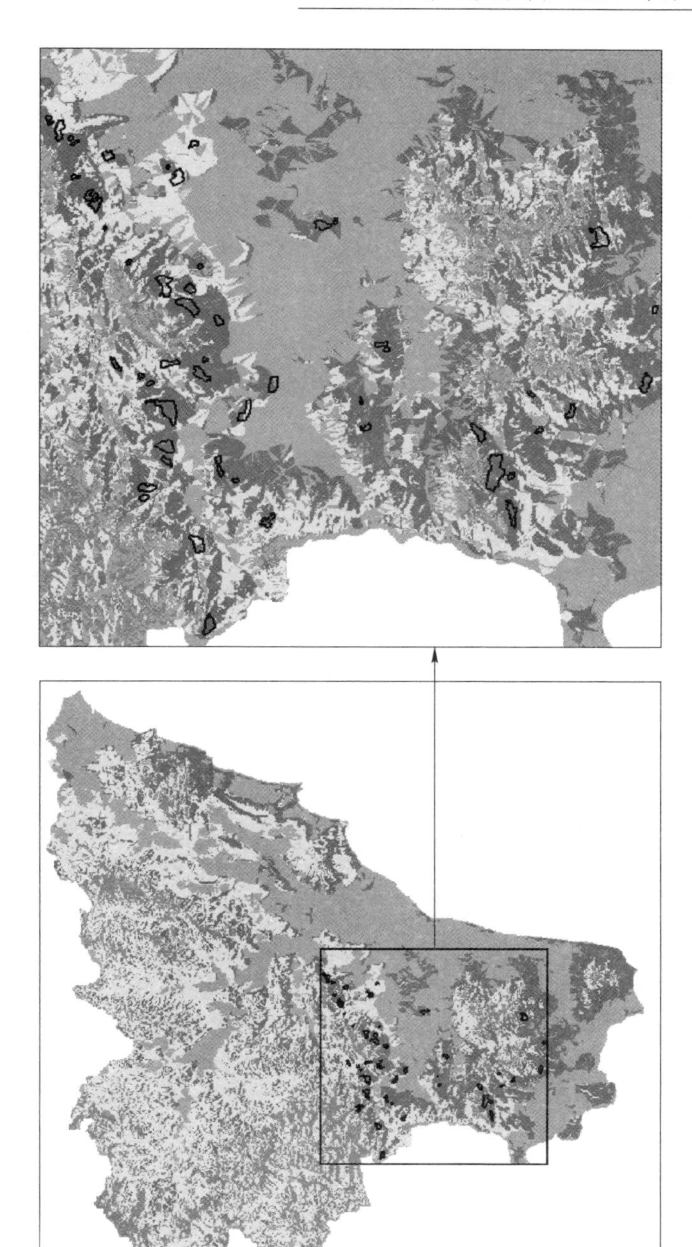

图 9-35 茶园优生区解译结果与评价结果对比

9.7.4 适宜性评价结果与分析

9.7.4.1 适宜区分布规律分析

第一，从总体而言，不适宜区主要分布在东部和南部坡度较小的区域。除此之外，由于大部分评价因子（除土壤 pH）都是从东南到西北呈由好到差分布，这决定了从东南向西北茶树适宜性逐渐降低的分布特点。最适宜区主要分布在东部和南部自然条件较好的区域，适宜区主要分布在中部地区。西部地区海拔较高，评价主要为一般适宜区。

第二，另外一个明显的特点是，各评价区呈犬牙交错状，除了不适宜区外，不存在某一适宜等级区连片分布的情况。在局部放大图（图 9-36 a、b、c）中，各适宜级相互交错，尤其在图（a）中，由于该区地形复杂，导致散射辐射、冬季分速、温度等主要因子在不同坡向产生了很大的变化，尤其是冬季风速，北坡最大，南坡最小，东西坡居中。这决定了“一山之中，美恶相悬”的茶树适生特点。在图（c）中，虽然相交的特点也有体现，但是由于该区处于研究区最南部，坡度较缓，散射辐射、最低月均温、极端低温、相对湿度等都是最高值分布区，而且风速较小，所以决定了该区主要为最适宜分布区。而在图（b）中，该区既没有西部地区那样复杂，也没有南部坡度小，地处评价区最北面，各因子优劣有别，所以各适宜区分布情况居于（a）、（c）之间。但是各适宜级均有分布，这还是说明了茶树适宜性随地形变化而变化的特点。

第三，随着海拔高度的增加，茶树适生环境在降低，这也是评价结果的一个特点，也符合茶树生长的特点。随着海拔的增加，风速、坡度不断增加，而温度、散射辐射量不断降低，这造成了随海拔高度增加而茶树适宜性不断降低的垂直分布特点。

9.7.4.2 适宜性等级分区分析

A 最适宜种植区

最适宜区面积为 38283 公顷（574245 亩），占总面积 21%；主要

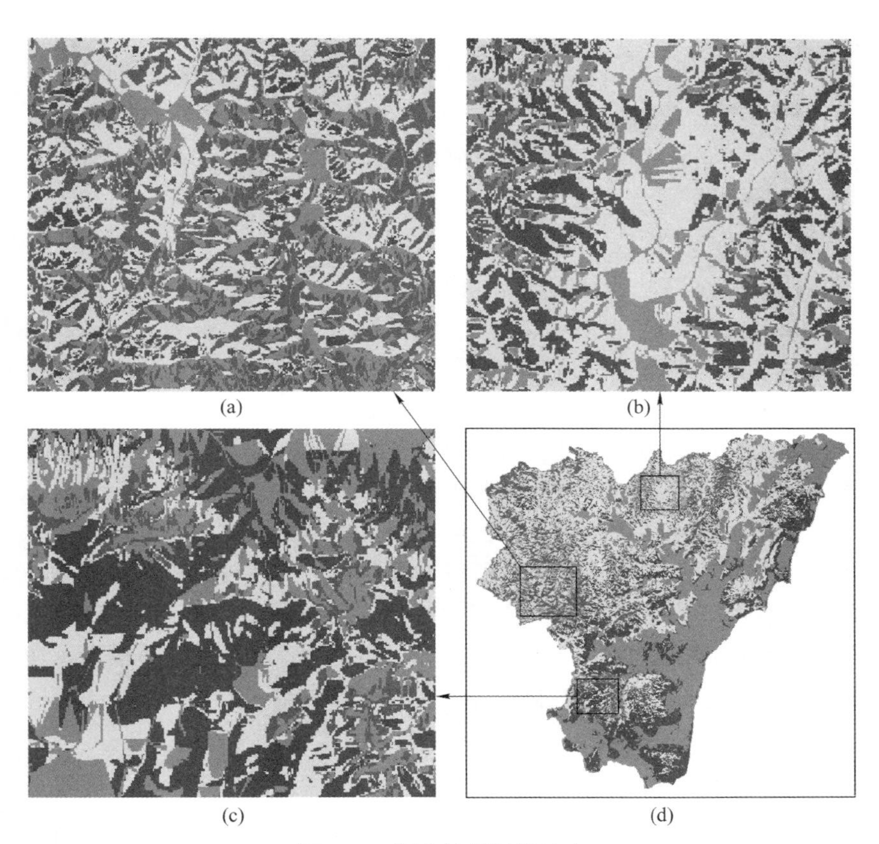

图 9-36 评价结果局部放大
（a）一般适宜区局部放大；（b）适宜区局部放大；（c）最适宜区局部放大；（d）评价结果

分布在研究区东部和南部背风向阳的山前地带，包括秦楼、石臼、后村、巨峰、高兴、涛雒、虎山、碑廓、安东卫、岚山头等地；除此之外，中部和西北地区也有分布，并呈逐渐减少的趋势。

该区冬季平均风速最小，大部分地区小于 2.5m/s，最低月均温和极端低温最高，越冬条件好，茶树冻害少；最适宜区散射辐射最高，在 680MJ/m^{2}以上，这有利于提高茶叶品质；土壤质地以砂砾壤和轻壤为主，为茶树生长奠定了良好的基础；另外，该区热量丰富，雨量充沛，利于茶树生长。所以该区可以建立大面积的茶叶生产基地。但考虑到气候不稳定性等因素，该区仍应采取适当的防冻害措施，如建立防护林，注意冬季灌溉等，防止大的寒潮侵袭；同时要加强管理，尽量施有机肥，使土壤pH保持酸性或者不断降低。在保持茶叶产量的同时，保证茶叶有良好的品质，创出更好的品牌，取得良好的经济效益。

B 适宜种植区

适宜区面积为54153公顷（812295亩），占总面积30%，主要分布在东港中部丘陵起伏缓和地区，包括河山、南湖、陈疃、三庄、西湖等地。该区冬季平均风速较小，大部分地区在2.5~3m/s之间；最低月均温和极端低温较最适宜区有所降低，但仍能满足茶树生长；土壤质地以轻壤为主。另外，该区坡度不断加大，介于5°~15°，坡度不断加大，成为茶树种植的限制因素。

该区已经不在评价因子最优区，而且也不是山体的正南面，受冻害的可能性要大于最适宜区，所以加强防护林的建设是该区发展茶叶的首要任务。由于坡度加大，保水性差，应该发展该区的灌溉系统，保证供水能满足茶树生长需要；另外，还要注意适当的冬季灌溉，协助茶树安全越冬，这样才能获得较好的经济效益。

C 一般适宜种植区

一般适宜区为15929公顷（238935亩），占总面积9%，面积最小，主要分布东港区西部的三庄和黄墩，以及全区海拔相对最高的地区。

该区冬季平均风速逐渐变大，多数在3m/s以上，最低月均温和极端低温最低，在该区种植茶树，冬季冻害频率最高；另外，散射辐射减少，使得茶树品质不及最适宜区和适宜区，坡度较大也成为该区茶树种植环境差的重要因子。总体来说该区不太适合茶树生长。种植茶树需要慎重考虑，选择耐寒、耐旱的品种；更要加强防冻措施，加强管理，避免不必要的损失。

D 不适宜区

不适宜区为71535公顷（1073025亩），占总面积40%，面积最大，主要为东部平原区，以及其他有地形起伏的北坡和坡度大于25°

的地区。东部平原区由于坡度很小，这可能造成积水，而不利于茶树种植，同时考虑到可能出现的争地矛盾，所以将其划为不适宜区；而其他地区，由于坡度过大，使得保水性很差，或者位于山体北风的迎风坡，冻害发生的可能性极大，而且辐射量不足，使得该区种植茶树环境很差。鉴于此，该区不建议种植茶树。

9.8 总结与展望

9.8.1 本研究的特点

本书以 1∶5 万数字高程模型和气象站常规观测资料为基础数据，对研究区的气候因子（太阳辐射、温度和风速）的空间分布进行了模拟研究。

首先，由于 DEM 是对地表形态的三维立体描述，本身就具有地理位置和海拔高度等气候资源模拟的基本信息，同时能够方便地提取坡度、坡向、地形遮蔽等地形因子，而且其空间分辨率较高（1∶5 万的地面分辨率为 25m），因此使得气候资源模拟的实现更加方便，而且模拟的结果更加精确、细致。

其次，进行温度分布的模拟时，在对站点气温进行样条函数法内插的基础上，通过气温直减率法和辐射订正，得到了研究区实际地形下温度分布的模型。该模型既考虑了高度对温度的影响，又以辐射量之差表示了坡度、坡向等地形因素对温度的影响，物理机制非常明确。

再次，与以往利用 GIS 技术和数字高程模型对平均风速进行模拟的相关研究相比，本研究除了考虑地形高差的影响以外，还充分考虑了坡度、坡向、坡位等多种地貌要素对风速分布的影响。

最后，本研究对气候因子模拟的结果，提供太阳直接辐射、散射辐射、温度以及风速等的区域分布详图，而且可以进行专题分析，具有很强的实用性，在地形复杂地区气候资源调查、农业区划，精细农业以及生态环境建设等方面，都可提供重要的资源依据。既可以节省大量的野外考察工作，又可以提高工作效率和质量。

9.8.2 主要结论

(1) 天文辐射和直接辐射的分布具有明显的地形分布规律，主要表现在不同的坡向上，即天文日辐射量在南坡大、北坡小。地形因子的影响在冬季最强，秋季次之，然后是春季，而夏季最弱。

从散射辐射的地形分布规律来看，散射辐射的分布受地形遮蔽条件和坡向因子的影响，最大值出现在阳坡和山脊处，最小值位于阴坡和山谷中，统计研究区辐射量的标准差，年直接辐射量的标准差为 156.23，而年散射辐射量的标准差为 69.25，说明散射辐射的分布差异没有太阳直接辐射明显，表现为较为均匀的分布模式。

(2) 研究区各季温度总是随着海拔高度的增加而降低，而地形因子对温度分布的影响在冬季最强，秋季次之，然后是春季，而夏季最弱。坡度、坡向等地形因素对温度的影响主要表现为南坡温度较高，而北坡较低。

(3) 从研究区风速分布的宏观格局来看，西部和东北部山区地势较高，风速较大，中部和南部平原地区风速较小。从局部地区的风速分布来看，能够反映出迎风坡与背风坡、山顶与山麓、坡上与坡下等不同地形部位的风速分异特点，表现为迎风坡风速大，背风坡风速小；山顶风速大，山麓风速小；坡上风速较大，坡下风速较小。

9.8.3 问题与展望

(1) 加强气温空间分布的影响因子的研究。本研究在模拟温度的空间分布时，考虑了主要的影响因子（海拔高度和地形条件），而没有考虑下垫面性质（土壤、植被状况等）对气温分布的影响。在以后的研究中，可建立下垫面与温度的关系模型，进一步增加气温分布模拟的精细程度。

(2) 风速模拟中的问题。由于预设条件中对风速问题的简化，忽略了山谷风、地形狭管效应等对近地面风速的影响，必然带来一些偏差，对模拟的精度产生一定的影响。这些问题还有待于进一步的研究。

(3) 加强模拟结果的应用研究。模拟结果是各种气象资源分布图和数据，可以为各种专题研究提供基础数据。因此，应该加强它在农业资源调查、农业区划、精细农业、生态环境监测等方面的应用，发挥其价值。

（4）加强基于 DEM 的其他气候因子的模拟研究。本书进行了太阳辐射、温度、风速空间分布的模拟研究，而降水、湿度、云雾状况等气候因子由于影响因素更为复杂，有待于今后的进一步研究探讨。

参考文献

[1] 王建国．山东气候［M］. 北京：气象出版社，2005.

[2] Mccutchan M H. Determining the Diurnal Variation of Surface Temperature in Mountainous Terrain［J］. Journal of Applied Meteorology，1979，18（18）：1224～1228.

[3] Third Conference on Mountain Meteorology：October 16～19，1984，Portland，Oregon：［preprints］［C］. American Meteorological Society，1984.

[4] Jones M E，Laenen A. Interdisciplinary approaches in hydrology and hydrogeology［J］. 1992.

[5] Daly C，Neilson R P，Phillips D L. A Statistical-Topographic Model for Mapping Climatological Precipitation over Mountainous Terrain［J］. Journal of Applied Meteorology，1994，33（33）：140～158.

[6] Daly C，Taylor G，Gibson W. The PRISM Approach to Mapping Precipitation and Temperature［C］// 1997.

[7] 傅抱璞．关于山地气候资料的延长和推算问题［J］. 气象学报，1982，40（4）：453～463.

[8] 卢其尧．山区年、月平均温度推算方法的研究［J］. 地理学报，1988（3）：25～35.

[9] 翁笃鸣．大寨大队沟、梁、坡地的小气候分析［J］. 大气科学学报，1978（00）：68～80.

[10] 沈国权．考虑宏观地形的小网格温度场分析方法及应用［J］. 气象，1984，10（6）：22～27.

[11] 程路．秦岭山地辐射和气温空间分布研究［D］. 南京：南京气象学院南京信息工程大学，2003.

[12] 李军，黄敬峰．山区气温空间分布推算方法评述［J］. 山地学报，2004，22（1）：126～132.

[13] 陈晓峰，刘纪远．利用 GIS 方法建立山区温度分布模型［J］. 中国图像图形学报，1998，3（3）：234～238.

[14] 张洪亮，倪绍祥，邓自旺，等．基于 DEM 的山区气温空间模拟方法［J］. 山地学报，2002，20（3）：360～364.

[15] 杨昕．基于 DEM 的地面光热资源模拟与农业应用［D］. 西安：西北大学，2004.

[16] 王林林，王智勇，史同广，等．基于 DEM 的山东省气温分布模拟研究［J］. 山东建筑大学学报，2007，22（1）：79～84.

[17] 王林林，史同广，邹美玲．基于 GIS 的日照市气温分布式模拟［J］. 地理与地理信息科学，2008，24（5）：47～50.

[18] 翁笃鸣．山区地形气候［M］. 北京：气象出版社，1990.

[19] Jackson P S，Hunt J C R. Turbulent wind flow over a low hill［J］. Quarterly Journal of the Royal Meteorological Society，2010，101（430）：929～955.

[20] M. A. Estoque. A theoretical investigation of the sea breeze [J]. Quarterly Journal of the Royal Meteorological Society, 1961, 87 (372): 136~146.

[21] Walmsley J L, Taylor P A, Salmon J R. Simple guidelines for estimating wind speed variations due to small-scale topographic features—An update [J]. Climatol Bull, 1989.

[22] 王卫国，蒋维楣. 青岛地区边界层结构的数值模拟 [J]. 大气科学，1996，20 (2): 229~234.

[23] 王卫国，蒋维楣. 复杂下垫面地域边界层结构的三维细网格数值模拟 [J]. 热带气象学报，1996 (3): 212~217.

[24] 袁春红，杨振斌，薛桁，等. 复杂地形风速数值模拟 [J]. 太阳能学报，2002，23 (3): 374~377.

[25] 余琦，刘原中. 复杂地形上的风场内插方法 [J]. 辐射防护，2001，21 (4): 213~218.

[26] Daly C, Gibson W P, Taylor G H, et al. A Knowledge-Based Approach to the Statistical Mapping of Climate [J]. Climate Research, 2002, 22 (2): 99~113.

[27] 李正泉，于贵瑞，刘新安，等. 东北地区降水与湿度气候资料的栅格化技术 [J]. 资源科学，2003，25 (1): 72~77.

[28] 孙琪，周锁铨，康娜，等. 基于 GIS 的长江中上游降水的空间分析 [J]. 大气科学学报，2007，30 (2): 201~209.

[29] Wong K W, Wong P M, Gedeon T D, et al. Rainfall prediction model using soft computing technique [J]. Soft Computing, 2003, 7 (6): 434~438.

[30] 赵永. 基于 GIS 技术的福建地区降水空间分布模型研究 [D]. 福州：福建师范大学，2008.

[31] 汤国安. 数字高程模型及地学分析的原理与方法 [M]. 北京：科学出版社，2005.

[32] 王家耀. 空间信息系统原理 [M]. 北京：科学出版社，2001.

[33] 柯正谊，何建邦. 数字地面模型 [M]. 北京：中国科学技术出版社，1993.

[34] 姚慧敏. 基于地形特征建立高质量 DEM [D]. 郑州：中国人民解放军信息工程大学，2002.

[35] 王汶，鲁旭. 基于 GIS 的人居环境气候舒适度评价——以河南省为例 [J]. 遥感信息，2009 (2): 104~109.

[36] 张红平，周锁铨. 山地降水的空间分布特征研究综述 [J]. 陕西气象，2004 (6): 27~30.

[37] 何红艳，郭志华，肖文发. 降水空间插值技术的研究进展 [J]. 生态学杂志，2005，24 (10): 1187~1191.

[38] 周锁铨，薛根元，周丽峰，等. 基于 GIS 降水空间分析的逐步插值方法 [J]. 气象学报，2006，64 (1): 100~111.

[39] 赵永. 基于 GIS 技术的福建地区降水空间分布模型研究 [D]. 福州：福建师范大学，2008.

[40] 徐超，吴大千，张治国．山东省多年气象要素空间插值方法比较研究［J］．山东大学学报：理学版，2008，43（3）：1~5.

[41] 李飞，孙勇，郑佳佳．安徽省降水量空间插值研究［J］．水土保持研究，2010，17（5）：183~186.

[42] 孙然好，刘清丽，陈利顶．基于地统计学方法的降水空间插值研究［J］．水文，2010，30：14~17.

[43] 王智，吴友均，梁凤超，等．新疆地区年降水量的空间插值方法研究［J］．中国农业气象，2011，32（3）：331~337.

[44] 王红霞，柳小妮，李纯斌，等．甘肃省近42年降水量变化时空分布格局分析［J］．中国农业气象，2013，34（4）：384~389.

[45] 贺俊平，贺振．近53年黄河流域降水时空分布特征［J］．生态环境学报，2014（1）：95~100.

[46] 李军，杨青，史玉光．基于DEM的新疆降水量空间分布［J］．干旱区地理，2010，33（6）：868~873.

[47] 郭婧，柳小妮，任正超．基于GIS模块的气象数据空间插值方法新改进——以甘肃省为例［J］．草原与草坪，2011，31（4）：41~45.

[48] 吴良镛．人居环境科学导论［M］．北京：中国建筑工业出版社，2001：38~61.

[49] Terjung W H. Physiologic climates of the conterminous United States：A bioclimatic classification based on man［J］. Annal A. A. G，1966，56（1）：141~179.

[50] 陆鼎煌，崔森．北京城市绿化夏季小气候条件对人体的适宜度［A］．见：中国农学会农业气象研究［C］．中国林学会编．北京：气象出版社，1984：144~152.

[51] 王胜利，田红，谢五三，等．近50年安徽省气候舒适度变化特征及区划研究［J］．地理科学进展，2012（1）：40~45.

[52] LALIT KUMAR，ANDREW K SKIDMORE，EDMUND KNOWLES. Modelling Topographic Variation in Solar Radiation in a GIS Environment［J］. International Journal of Geographical Information Science，1997，11（5）：475~497.

[53] Satterlund D R，Means J E. Estimating Solar Radiation under Variable Cloud Conditions［J］. Forest Science，1978，24（3）：363~373.

[54] Dubayah R，Dozier J，Davis F W. Topographic distribution of clear-sky radiation over the Konza Prairie，Kansas［J］. Water Resources Research，1990，26（4）：159~165.

[55] Dozier J，Frew J. Rapid calculation of terrain parameters for radiation modeling from digital elevation data［J］. IEEE Transactions on Geoscience & Remote Sensing，1990，28（5）：963~969.

[56] Dubayah R. Estimating net solar radiation using Landsat Thematic Mapper and digital elevation data［J］. Water Resources Research，1992，28（9）：2469~2484.

[57] Conese C，Gilabert M A，Maselli F，et al. Topographic normalization of TM scenes through the use of an atmospheric correction method and digital terrain models［J］. Photogrammetric

Engineering & Remote Sensing, 1993, 59 (12): 1745~1753.

[58] D. L. Topographic normalization of landsat thematic mapper digital imagery [J]. Photogrammetric Engineering & Remote Sensing, 1989, 125 (1): 135~143.

[59] Modeling Incoming Potential Radiation on a Land Surface with PCRaster: POTRAD. MODmanual, POTRAD5 [Z] . Manual. Doc, 2002.

[60] Javier G. Corripio. Vectorial algebra algorithms for calculating terrain parameters from DEMs and solar radiation modelling in mountainous terrain [J]. International Journal of Geographical Information Science, 2003, 17 (1): 1~23.

[61] 傅抱璞. 山地气候 [M]. 北京: 科学出版社, 1983.

[62] 朱志辉. 墙面太阳辐照的理论计算与模式估计——以上海为例 [J]. 地理学报, 1987 (1): 28~41.

[63] 李占清, 翁笃鸣. 坡面散射辐射的分布特征及其计算模式 [J]. 气象学报, 1988 (3): 95~102.

[64] 李占清, 翁笃鸣. 丘陵山地总辐射的计算模式 [J]. 气象学报, 1988, 46 (4): 461~468.

[65] 李新, 陈贤章, 曾群柱. 利用数字地形模型计算复杂地形下的短波辐射平衡 [J]. 冰川冻土, 1996 (s1): 344~353.

[66] 李新, 程国栋, 陈贤章, 等. 任意地形条件下太阳辐射模型的改进 [J]. 科学通报, 1999, 44 (9): 993~998.

[67] 陈华, 孙丹峰, 段增强, 等. 基于 DEM 的山地日照时数模拟时空特点及应用——以北京西山门头沟区为例 [J]. 山地学报, 2002, 20 (5): 559~563.

[68] 何洪林, 于贵瑞, 牛栋. 复杂地形条件下的太阳资源辐射计算方法研究 [J]. 资源科学, 2003, 25 (1): 78~85.

[69] 曾燕, 邱新法, 刘昌明, 等. 基于 DEM 的黄河流域天文辐射空间分布 [J]. 地理学报, 2003, 58 (6): 810~816.

[70] 曾燕, 邱新法, 缪启龙, 等. 起伏地形下我国可照时间的空间分布 [J]. 自然科学进展, 2003, 13 (5): 545~548.

[71] 曾燕, 邱新法, 刘昌明, 等. 起伏地形下黄河流域太阳直接辐射分布式模拟 [J]. 地理学报, 2005, 60 (4): 680~688.

[72] 叶晗, 王惠林, 刘勇. 基于 DEM 的山区入射潜在太阳辐射模拟 [J]. 遥感技术与应用, 2004, 19 (5): 415~419.

[73] 苏宏新, 桑卫国. 山地小气候模拟研究进展 [J]. 植物生态学报, 2002, 26 (z1): 107~114.